T0128293

essentials

essentials liefern aktuelles Wissen in konzentrierter Form. Die Essenz dessen, worauf es als „State-of-the-Art" in der gegenwärtigen Fachdiskussion oder in der Praxis ankommt. *essentials* informieren schnell, unkompliziert und verständlich

- als Einführung in ein aktuelles Thema aus Ihrem Fachgebiet
- als Einstieg in ein für Sie noch unbekanntes Themenfeld
- als Einblick, um zum Thema mitreden zu können

Die Bücher in elektronischer und gedruckter Form bringen das Fachwissen von Springerautor*innen kompakt zur Darstellung. Sie sind besonders für die Nutzung als eBook auf Tablet-PCs, eBook-Readern und Smartphones geeignet. *essentials* sind Wissensbausteine aus den Wirtschafts-, Sozial- und Geisteswissenschaften, aus Technik und Naturwissenschaften sowie aus Medizin, Psychologie und Gesundheitsberufen. Von renommierten Autor*innen aller Springer-Verlagsmarken.

Hermann Sicius

Mangangruppe: Elemente der siebten Nebengruppe

Eine Reise durch das Periodensystem

2. Auflage

 Springer Spektrum

Hermann Sicius
Dormagen, Deutschland

ISSN 2197-6708   ISSN 2197-6716   (electronic)
essentials
ISBN 978-3-662-66697-5   ISBN 978-3-662-66698-2   (eBook)
https://doi.org/10.1007/978-3-662-66698-2

Die Deutsche Nationalbibliothek verzeichnet diese Publikation in der Deutschen Nationalbiblio-
grafie; detaillierte bibliografische Daten sind im Internet über http://dnb.d-nb.de abrufbar.

Planung/Lektorat: Désirée Claus
Springer Spektrum ist ein Imprint der eingetragenen Gesellschaft Springer-Verlag GmbH, DE und
ist ein Teil von Springer Nature.
Die Anschrift der Gesellschaft ist: Heidelberger Platz 3, 14197 Berlin, Germany

Was Sie in diesem *essential* finden können

- Eine umfassende Beschreibung von Herstellung, Eigenschaften und Verbindungen der Elemente der siebten Nebengruppe
- Aktuelle und zukünftige Anwendungen
- Ausführliche Charakterisierung der einzelnen Elemente

Dieses Buch ist gewidmet:
Susanne Petra Sicius-Hahn
Elisa Johanna Hahn
Fabian Philipp Hahn
Dr. Gisela Sicius-Abel
Emma Johanna Glombitza
Johannes Stanislaus Glombitza

Inhaltsverzeichnis

Einleitung 1

Willkommen bei den Elementen der siebten Nebengruppe (Mangan, Technetium, Rhenium und Bohrium), die zueinander physikalisch und chemisch relativ ähnlich sind. Bei Technetium und Rhenium zeigen sich zwar noch Wirkungen der Lanthanoidenkontraktion; jedoch erfolgt dies nicht mehr so stark wie bei den Elementen der vierten bis sechsten Nebengruppe. In den jeweiligen physikalischen Eigenschaften unterscheiden sich Technetium und Rhenium schon spürbar, wenngleich das Technetium dem Rhenium wesentlich näher steht als dem Mangan. Die Elemente dieser Gruppe können maximal sieben äußere Valenzelektronen (jeweils zwei s- und fünf d-Elektronen) abgeben, um eine stabile Elektronenkonfiguration zu erreichen. Bei Chrom ist die Oxidationsstufe +2 die stabilste, bei Technetium und Rhenium sind es die Stufen +4 und +7.

Die Entdeckung des Mangans erfolgte gegen Ende des 18. Jahrhunderts, die des Rheniums Mitte der 1920er Jahre, die des Technetiums 1937, und die ersten Isotope des Bohriums wurden vor ca. 35 Jahren (1981) erzeugt. Sie finden alle Elemente im unten stehenden Periodensystem in Gruppe N 7.

Elemente werden eingeteilt in Metalle (z. B. Natrium, Calcium, Eisen, Zink), Halbmetalle wie Arsen, Selen, Tellur sowie Nichtmetalle wie beispielsweise Sauerstoff, Chlor, Jod oder Neon. Die meisten Elemente können sich untereinander verbinden und bilden chemische Verbindungen; so wird z. B. aus Natrium und Chlor die chemische Verbindung Natriumchlorid, also Kochsalz.

Einschließlich der natürlich vorkommenden sowie der bis in die jüngste Zeit hinein künstlich erzeugten Elemente nimmt das aktuelle Periodensystem der Elemente (Abb. 1.1) bis zu 118 Elemente auf, von denen zurzeit noch vier Positionen unbesetzt sind.

© Der/die Autor(en), exklusiv lizenziert an Springer-Verlag GmbH, DE, ein Teil von Springer Nature 2022
H. Sicius, *Mangangruppe: Elemente der siebten Nebengruppe*, essentials,
https://doi.org/10.1007/978-3-662-66698-2_1

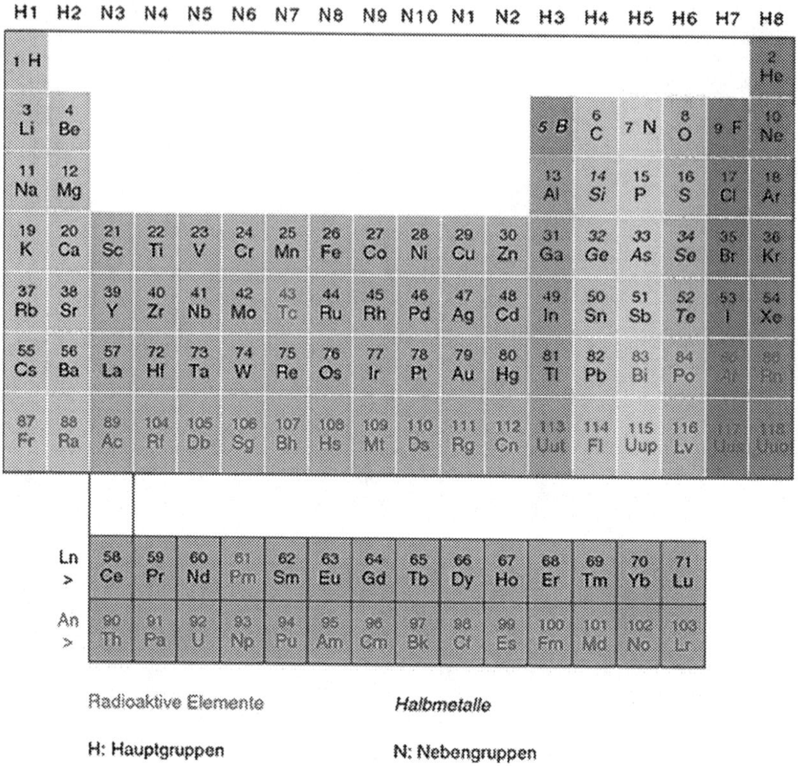

H1	H2	N3	N4	N5	N6	N7	N8	N9	N10	N1	N2	H3	H4	H5	H6	H7	H8
1 H																	2 He
3 Li	4 Be											5 B	6 C	7 N	8 O	9 F	10 Ne
11 Na	12 Mg											13 Al	14 Si	15 P	16 S	17 Cl	18 Ar
19 K	20 Ca	21 Sc	22 Ti	23 V	24 Cr	25 Mn	26 Fe	27 Co	28 Ni	29 Cu	30 Zn	31 Ga	32 Ge	33 As	34 Se	35 Br	36 Kr
37 Rb	38 Sr	39 Y	40 Zr	41 Nb	42 Mo	43 Tc	44 Ru	45 Rh	46 Pd	47 Ag	48 Cd	49 In	50 Sn	51 Sb	52 Te	53 I	54 Xe
55 Cs	56 Ba	57 La	72 Hf	73 Ta	74 W	75 Re	76 Os	77 Ir	78 Pt	79 Au	80 Hg	81 Tl	82 Pb	83 Bi	84 Po	85 At	86 Rn
87 Fr	88 Ra	89 Ac	104 Rf	105 Db	106 Sg	107 Bh	108 Hs	109 Mt	110 Ds	111 Rg	112 Cn	113 Uut	114 Fl	115 Uup	116 Lv	117 Uus	118 Uuo

Ln >	58 Ce	59 Pr	60 Nd	61 Pm	62 Sm	63 Eu	64 Gd	65 Tb	66 Dy	67 Ho	68 Er	69 Tm	70 Yb	71 Lu
An >	90 Th	91 Pa	92 U	93 Np	94 Pu	95 Am	96 Cm	97 Bk	98 Cf	99 Es	100 Fm	101 Md	102 No	103 Lr

Radioaktive Elemente   Halbmetalle

H: Hauptgruppen   N: Nebengruppen

Abb. 1.1 Periodensystem der Elemente

Die Einzeldarstellungen der insgesamt vier Vertreter der Gruppe der Elemente der siebten Nebengruppe enthalten dabei alle wichtigen Informationen über das jeweilige Element, sodass ich hier nur eine sehr kurze Einleitung vorangestellt habe.

Vorkommen

2

Mangan ist in der Erdhülle mit einem relativ hohen Anteil von 850 ppm vertreten, wogegen Rhenium mit einem Anteil von 0,001 ppm (!) äußerst selten vorkommt. Technetium und Bohrium sind beide nur durch künstliche Kernreaktionen erhältlich. Technetium erzeugt man in größerem Maßstab in Kernreaktoren, wogegen Bohrium nur durch Kernfusion und dann in Mengen weniger Atome erhältlich ist.

© Der/die Autor(en), exklusiv lizenziert an Springer-Verlag GmbH, DE, ein Teil von Springer Nature 2022
H. Sicius, *Mangangruppe: Elemente der siebten Nebengruppe*, essentials, https://doi.org/10.1007/978-3-662-66698-2_2

Herstellung 3

Mangan gewinnt man entweder durch Elektrolyse seiner Salzlösungen oder aluminothermisch aus Braunstein, Technetium und Rhenium bevorzugt durch Reduktion der Pertechnetate bzw. Perrhenate mit Wasserstoff. Rhenium zeigt dabei Parallelen zum Wolfram, das man ebenfalls auf diese Weise erzeugt.

© Der/die Autor(en), exklusiv lizenziert an Springer-Verlag GmbH, DE, ein Teil von Springer Nature 2022
H. Sicius, *Mangangruppe: Elemente der siebten Nebengruppe*, essentials, https://doi.org/10.1007/978-3-662-66698-2_3

Eigenschaften 4

4.1 Physikalische Eigenschaften

Die physikalischen Eigenschaften sind auch in dieser Gruppe mit nur wenigen Ausnahmen regelmäßig nach steigender Atommasse abgestuft. In Analogie zu den Nachbarelementen der sechsten und achten Nebengruppe nehmen vom Mangan zum Rhenium Dichte, Schmelzpunkte und -wärmen sowie Siedepunkte und Verdampfungswärmen zu, die chemische Reaktionsfähigkeit geht dagegen zurück. Der bei den Elementen der ersten bis dritten Hauptgruppe zu beobachtende Effekt der Schrägbeziehung erscheint bei sämtlichen Nebengruppenelementen, also auch in dieser Gruppe, nicht. Das Element Mangan leitet in seinen Eigenschaften also nicht zum Ruthenium über.

4.2 Chemische Eigenschaften

Die Elemente der Mangangruppe sind teils sehr reaktiv (wie Mangan) zumindest Technetium und Rhenium verhalten sich oft auch sehr reaktionsträge. An der Luft lagernd, schützt sie eine sehr dünne, passivierende Oxidschicht vor weiterer Korrosion durch Luftsauerstoff, und auch in Säuren sind sie nur vereinzelt und auch dann nur unter Anwendung drastischer Methoden löslich. Mit vielen Nichtmetallen (Halogene, Sauerstoff, auch Stickstoff und Kohlenstoff) reagieren sie aber bei erhöhter Temperatur, Mangan ist nach Scandium das reaktionsfähigste Metall der ersten Periode der Übergangsmetalle. Mangan-II-oxid (MnO) reagiert schwach basisch, alle Dioxide der Gruppe ($Mn/Tc/ReO_2$) amphoter, und die Dimetallheptoxide ($Mn/Tc/Re_2O_7$) schwach bis stark sauer.

© Der/die Autor(en), exklusiv lizenziert an Springer-Verlag GmbH, DE, ein Teil von Springer Nature 2022
H. Sicius, *Mangangruppe: Elemente der siebten Nebengruppe*, essentials,
https://doi.org/10.1007/978-3-662-66698-2_4

Einzeldarstellungen 5

Im folgenden Teil sind die Elemente der Mangangruppe (siebte Nebengruppe) jeweils einzeln mit ihren wichtigen Eigenschaften, Herstellungsverfahren und Anwendungen beschrieben.

H. Sicius, *Mangangruppe: Elemente der siebten Nebengruppe*, essentials, https://doi.org/10.1007/978-3-662-66698-2_5

5.1 Mangan

Symbol:	Mn		
Ordnungszahl:	25		
CAS-Nr.:	7439-96-5		
Aussehen:	Grauweiß glänzend	Mangan	Mangan, Stücke (Sicius 2016)
Entdecker, Jahr	Kaim (Österreich), 1770 Gahn (Schweden), 1774		
Wichtige Isotope [natürliches Vorkommen (%)]	Halbwertszeit (a)	Zerfallsart, -produkt	
$^{53}_{25}$Mn (Spuren)	$3,74 \cdot 10^6$	$\epsilon > \,^{53}_{24}$Cr	
$^{55}_{25}$Mn (100)	Stabil	----	
Massenanteil in der Erdhülle (ppm):	850		
Atommasse (u):	54,938		
Elektronegativität (Pauling ♦ Allred&Rochow ♦ Mulliken)	1,55 ♦ K. A. ♦ K. A.		
Normalpotential: $Mn^{2+} + 2\,e^- > Mn$ (V)	-1,18		
Atomradius (berechnet) (pm):	140 (161)		
Van der Waals-Radius (pm):	Keine Angabe		
Kovalenter Radius (pm):	139 (low spin), 161 (high spin)		
Ionenradius (Mn^{2+}, pm)	80		
Elektronenkonfiguration:	[Ar] $3d^5 4s^2$		
Ionisierungsenergie (kJ / mol), erste ♦ zweite ♦ dritte ♦ vierte ♦ fünfte ♦ sechste ♦ siebte:	717 ♦ 1509 ♦ 3248 ♦ 4940 ♦ 6990 ♦ 9220 ♦ 11500		
Magnetische Volumensuszeptibilität:	$9 \cdot 10^{-4}$		
Magnetismus:	Paramagnetisch		
Kristallsystem:	Kubisch-verzerrt		
Elektrische Leitfähigkeit([A / (V · m)], bei 300 K):	$6,94 \cdot 10^5$		
Elastizitäts- ♦ Kompressions- ♦ Schermodul (GPa):	198 ♦ 120 ♦ 79,5 (α-Mn)		
Vickers-Härte ♦ Brinell-Härte (MPa):	Keine Angabe ♦ 196 (α-Mn)		
Mohs-Härte	6,0		
Schallgeschwindigkeit (longitudinal, m/s, bei 293,15 K):	5150		
Dichte (g / cm³, bei 293,15 K)	7,43		
Molares Volumen (m³ / mol, im festen Zustand):	$7,35 \cdot 10^{-6}$		
Wärmeleitfähigkeit [W / (m · K)]:	7,8		
Spezifische Wärme [J / (mol · K)]:	23,35		
Schmelzpunkt (°C ♦ K):	1246 ♦ 1590		
Schmelzwärme (kJ / mol)	13,2		
Siedepunkt (°C ♦ K):	2100 ♦ 2373		
Verdampfungswärme (kJ / mol):	225		

Abb. 5.1 Rhodochrosit
(rot) und Manganit
(schwarz), Lawinsky 2010

Vorkommen

Mangan ist mit einem Anteil an der kontinentalen Erdkruste von 0,95 % (Lide et al. 2005) das nach Titan und Eisen häufigste Übergangsmetall, das jedoch nur in Form seiner Verbindungen vorkommt. Die verbreitetsten Manganminerale sind seine Oxide, Silikate sowie Mangancarbonat; Beispiele hierfür sind Braunstein, Manganit, Hausmannit, Braunit, Rhodochrosit und Rhodonit, in denen das Element in diversen Oxidationsstufen (+2, +3, +4) vorliegen kann (Corathers und Machamer 2006).

Mangan kommt größtenteils in drei verschiedenen Erzformen vor. Zum einen sind dies Rhodochrosit-Braunit-Erze, die in Brasilien sowie West- und Zentralafrika gefunden werden (Abb. 5.1).

Eine weitere wichtige Quelle für Mangan sind eisen- und silikathaltige Sedimente, die unter anderem in Brasilien und Südafrika riesige Lagerstätten bilden. Eine wichtige Verbindung des Mangans ist dabei Braunstein (Mangan-IV-oxid, MnO_2). Schließlich kommt Mangan in Schiefergesteinen vor, die rund um das Schwarze Meer und auch in Teilen Westafrikas zu finden sind (Corathers und Machamer 2006).

Die mit Abstand bedeutendsten und auch intensiv geförderten Vorkommen lagern unter der südafrikanischen Kalahari-Wüste; andere wichtige Förderländer sind Australien, China, Brasilien, Indien, Gabun und die Ukraine. 2014 betrug die weltweit geförderte Menge 18 Mio. t Erz bei geschätzten Reserven in Höhe von 570 Mio. t (Corathers 2015).

Die Erze müssen im Allgemeinen einen Mindestgehalt von 35 % Mangan aufweisen, damit ein Abbau wirtschaftlich möglich ist. Für verschiedene, später geplante Anwendungen ist eine Vorklassifizierung der Erze erforderlich. Soll das erzeugte Mangan als Legierungsbestandteil eingesetzt werden, so sollte das Erz zwischen 38 und 55 % Mangan enthalten. Ist die Verwendung des Metalls dagegen -in Form von Braunstein- in Alkali-Mangan-Batterien vorgesehen, so muss der Mangananteil bei mindestens 44 % liegen, bei gleichzeitig geringem Anteil anderer Schwermetalle. Noch höheren Anforderungen müssen Erze genügen, die man zur Herstellung reinen Mangans sowie dessen Verbindungen verwendet.

Auf dem Boden der Tiefsee kommt Mangan in Mengenanteilen bis zu 50 % in knollenartigen, bis zu 20 cm dicken, aus Oxiden von Schwermetallen bestehenden Agglomerationen vor. Weitere Bestandteile sind die benachbarten Nebengruppenelemente Kobalt, Nickel und Kupfer in Form ihrer Oxide. Bisher ergab sich aber kein wirtschaftlicher Nutzen aus einer etwaigen Förderung, da die für Mangan auf dem Weltmarkt erzielbaren Preise nicht ausreichen, die Kosten einer Produktion zu decken (Wellbeloved et al. 2005).

Gewinnung

Wahrscheinlich gelang dem Österreicher Kaim 1770 die erstmalige Darstellung des Elements in unreiner Form durch Umsetzung von Mangan-IV-oxid mit Kohle, bevor Scheele und Gahn vier Jahre später mittels derselben Reaktion reineres Mangan darstellen konnten (Rancke-Madsen 1975). Der Name des Mangans ist der antiken Bezeichnung für Braunstein („manganesia nigra") entlehnt (Liebig et al. 1851).

1856 erkannte man, dass die Produktivität des damals zur Gewinnung von Stahl herangezogenen Bessemer-Verfahrens durch Zusatz von Mangan erheblich gesteigert werden kann (Corathers und Machamer 2006).

Die meisten technischen Anwendungen erfordern kein reines Mangan; somit man beschränkt sich oft auf die Produktion einer Eisen-Mangan-Legierung mit einem Gehalt von 78 % Mangan („Ferromangan"). Jenes stellt man durch Reduktion eines Gemisches aus Mangan- und Eisenoxiden mit Koks im elektrischen Ofen her. Ähnlich verläuft die Produktion weiterer Manganlegierungen, wie z. B. Silicomangan, zu dessen Herstellung Quarzsand der im Ofen befindlichen Mischung zugesetzt wird.

Es ist aber nicht möglich, reines Mangan auf diesem Weg herzustellen, da dann neben dem Metall auch dessen stabile Carbide (beispielsweise Mn_7C_3) entstehen. Erst bei Temperaturen über 1600 °C zersetzen sich diese Carbide wieder unter Freisetzung reinen Mangans, das unter diesen Bedingungen schon sehr flüchtig ist, sodass dieses Verfahren kein wirtschaftlich gangbares ist. Bevorzugt elektrolysiert man daher Lösungen von *Mangan-II-sulfat (MnSO₄)* bei Spannungen von 5 bis 7 V an Elektroden aus Edelstahl. An der Kathode schlägt sich reines Mangan nieder und an der Anode Sauerstoff, der die in wässriger Lösung befindlichen Mn^{2+}-Ionen zu *Mangan-IV-oxid (Braunstein, MnO₂)* oxidiert.

Ferner ist die Reduktion von Manganoxiden durch Aluminium im Stile des Thermitverfahrens möglich:

$$3\ MnO_2 + 4\ Al \rightarrow 3\ Mn + 2\ Al_2O_3$$

Eigenschaften

Physikalische Eigenschaften: Das silberweiße, harte, sehr spröde Mangan ist ein Schwermetall, das bei Temperaturen von 1244 °C bzw. 2061 °C schmilzt bzw. siedet. Die Struktur, in der Mangan unter Normalbedingungen kristallisiert, unterscheidet sich von der der meisten anderen Metalle. Hier liegt keine dichteste Packung oder kubisch-raumzentrierte Struktur vor, sondern die α-Mangan-Struktur ist vielmehr eine bis zu einer Temperatur von 727 °C stabile, verzerrt-kubische Struktur mit 58 Atomen in der Elementarzelle, wobei die Atome des Mangans jeweils von einer unterschiedlichen Menge gleicher Atome (zwischen 12 und 16) umgeben sind (Oberteuffer und Ibers 1970). Diese paramagnetische Modifikation wird unterhalb der Néel-Temperatur von 100 K (-173 °C) antiferromagnetisch.

Zwischen Temperaturen von 727 und 1095 °C liegt β-Mangan mit ebenfalls kubisch-verzerrter Struktur vor, dessen Elementarzelle 20 Atome enthält und in der jedes Manganatom von 12 bis 14 Manganatomen umgeben ist (Shoemaker et al. 1978). β-Mangan wird bei tiefen Temperaturen nicht antiferromagnetisch (Kasper und Roberts 1956).

Oberhalb einer Temperatur von 1095 °C liegt das in der kubisch-flächenzentrierten Struktur kristallisierende γ-Mangan vor (Kupfer-Typ), die bei weiterem Erhitzen oberhalb von 1133 °C in die kubisch-innen-zentrierte Modifikation (δ-Mangan, Wolfram-Typ) übergeht (Schubert 1974).

Das Isotop $^{55}_{25}$Mn ist das einzige stabile des Elements, somit ist Mangan ein Reinelement.

Chemische Eigenschaften: Mangan ist nicht wegen seines Normalpotenzials, sondern infolge der Unfähigkeit, eine schützende Passivschicht auf seiner Oberfläche auszubilden, nach Scandium das reaktionsfähigste Metall der ersten Periode der Übergangsmetalle (3d-Elemente). Es reagiert, vor allem bei erhöhter Temperatur, teils heftig mit vielen Nichtmetallen. Fein verteiltes Mangan ist an der Luft pyrophor und reagiert schnell zu Mangan-II,III-oxid (Mn_3O_4). Nur mit Stickstoff reagiert das Element erst bei Temperaturen von über 1200 °C zu *Mangannitrid (Mn_3 N_2)*; Hydride bildet es nicht (Hartwig 2006; Holleman et al. 2007, S. 1608).

Mangan reagiert schon mit verdünnten Mineralsäuren unter heftiger Wasserstoffentwicklung, selbst durch Wasser wird es langsam angegriffen. Konzentrierte Salpeter- und Schwefelsäure reduziert es teilweise sogar bis zu Stickoxiden oder Schwefeldioxid. Das Endprodukt der stark exergonischen Reaktionen (stark negative Bildungsenthalpie) ist jeweils das energetisch begünstigte Mn^{2+}-Ion, da es eine halb gefüllte d-Konfiguration aufweist. In wässriger Lösung liegen der rosafarbene $[Mn(H_2O)_6]^{2+}$-Komplex vor. Sofern sie in Wasser löslich sind und sich nicht dabei zersetzen, lösen sich Mn^{3+}-Ionen in Wasser mit roter Farbe. „Mn^{4+}" in Form von Braunstein ist braunschwarz, Verbindungen des Mangans in der Oxidationsstufe

+5 (Hypomanganat, MnO_4^{3-}) sind blau, die der Oxidationsstufe +6 (Manganat, MnO_4^{2-}) grün und die der Oxidationsstufe +7 (Permanganat, MnO_4^-) violett.

Verbindungen

Generell kann Mangan in allen Oxidationsstufen zwischen −3 und +7 auftreten. Am beständigsten sind diejenigen Verbindungen, die Mangan in den Oxidationsstufen +2, +3 und +4 enthalten.

Verbindungen mit Chalkogenen: Mangan-II-oxid (MnO) kommt natürlich in Form des Minerals Manganosit vor und ist ein bei einer Temperatur von 1945 °C schmelzendes, grünes Pulver. Die Dichte der unterhalb der Néel-Temperatur von −163 °C antiferromagnetischen, unter Normalbedingungen kubisch kristallisierenden Verbindung liegt bei 5,45 g/cm^3. Man kann Mangan-II-oxid durch Umsetzung braunsteinhaltiger Erze mit Kohle bei Temperaturen zwischen 400 und 1000 °C erzeugen. Bei Zutritt von Luftsauerstoff wird es schnell zurück zum *Mangan-IV-oxid (MnO_2)* oxidiert; unter Umständen tritt dabei sogar spontane Entzündung ein. Daher muss man die Verbindung unter Schutzgasatmosphäre abkühlen lassen.

Eine alternative Herstellmethode besteht im Erhitzen von Mangan-II-carbonat ($MnCO_3$) (McCarroll 1994):

$$MnCO_3 \rightarrow MnO + CO_2$$

Mangan-II-oxid ist in für die Metallurgie verwendeten Gießpulvern enthalten (Gigacher et al. 2003, 2004). Außerdem setzt man es in Düngern und Futtermitteln ein.

Mangan-III-oxid (Mn_2O_3) entsteht beispielsweise in Zink-Braunstein-Batteriezellen bei deren Entladung; angegeben ist die Summengleichung:

$$Zn + 2\,MnO_2 + H_2O \rightarrow Zn(OH)_2 + Mn_2O_3$$

Ebenso ist die Verbindung durch Erhitzen von Braunstein *(Mangan-IV-oxid, MnO_2)* auf Temperaturen oberhalb von 535 °C zugänglich. Außerdem ist es möglich, hydratisiertes *Mangan-II-sulfat ($MnSO_4 \cdot 4\,H_2O$)* in ammoniakalischer Lösung durch Zugabe von Wasserstoffperoxid in *Mangan-III-oxidhydroxid [MnO(OH)]* umzuwandeln, das man durch Erhitzen auf Temperaturen von 250 °C zu *Mangan-III-oxid (Mn_2O_3)* entwässern kann (Brauer 1981, S. 1582).

Das bei Raumtemperatur orthorhombisch kristallisierende Mangan-III-oxid ist nahezu unlöslich in Wasser, unbrennbar und zersetzt sich bei Temperaturen oberhalb von 900 °C. Es existieren verschiedene Modifikationen, die teils nur

Abb. 5.2 Mangan-IV-oxid
(Benjah-bmm27 2007)

durch Anwendung hohen Drucks erhältlich sind (Ovsyannikov et al. 2013; Geller 1971; Kim et al. 2005). Man setzt die Verbindung als Kathodenmaterial von Lithiumionen-Akkumulatoren und als Farbpigment in Gläsern ein.

Mangan-IV-oxid (Braunstein, MnO_2) kommt natürlich in Form verschiedener Mineralien vor, wie beispielsweise Ramsdellit, Pyrolusit oder Akhtenskit. In Kombination mit Verbindungen des Eisens ist es wichtiger Bestandteil dunkler Erden. Man nutzt es bereits seit der Antike zum Färben und Entfärben von Gläsern. Man kann die Verbindung zwar durch Mahlen von Pyrolusit oder Erhitzen von *Mangan-II-nitrat [Mn(NO$_3$)$_2$]* an der Luft auf eine Temperatur von 500 °C herstellen:

$$Mn(NO_3)_2 \rightarrow MnO_2 + 2\,NO_2,$$

jedoch stellt das heute gängigste Verfahren die Elektrolyse einer wässrigen Lösung von *Mangan-II-sulfat (MnSO$_4$)* dar, bei deren Ende sich ein aus Braunstein bestehender Schlamm an der Anode ablagert (Abb. 5.2).

Man kann Mangan-IV-oxid auch herstellen, indem man Lösungen von Mangan-II-salzen mit Natronlauge und Wasserstoffperoxid versetzt, worauf Mangan-IV-oxid in Form eines dunkelbraunen, ziemlich reaktiven Niederschlags aus der Lösung ausfällt (Remy 1961, S. 258):

$$Mn^{2+} + H_2O_2 + 2\,OH^- \rightarrow MnO_2 \downarrow +2\,H_2O$$

Bedeutung hat diese Verbindung, weil sie im Unterschied zum wasserfreien Mangandioxid eine größere Reaktionsfähigkeit als Oxidationsmittel aufweist.

Das braunschwarze, in Wasser unlösliche Pulver gibt beim Erhitzen Sauerstoff ab und geht dabei in niedere Manganoxide über. Während in kalter Schwefelsäure keine Reaktion erfolgt, zersetzt sich Mangan-IV-oxid in heißer Schwefelsäure unter Abspaltung von Sauerstoff:

$$2\,MnO_2 + 2\,H_2SO_4 \rightarrow 2\,MnSO_4 + O_2 + 2\,H_2O$$

Mangan-IV-oxid wirkt, wie allerdings viele andere Schwermetallverbindungen auch, katalytisch zersetzend auf Wasserstoffperoxid, das bei Zugabe geringster

Mengen von Mangan-IV-oxid heftig Sauerstoff abspaltet. Immerhin ist das Oxidationspotenzial der Verbindung so hoch, dass es auch Chlorwasserstoff zu Chlor oxidieren kann. Diese Reaktion von Braunstein und Salzsäure war lange die Grundlage für die industrielle Gewinnung von Chlor nach dem Weldon-Verfahren (Holleman et al. 2007, S. 436):

$$MnO_2 + 4\,HCl \rightarrow MnCl_2 + Cl_2 + 2\,H_2O$$

Aus demselben Grund verwendet man es als Oxidationsmittel bei der Synthese von Hydrochinon aus Anilin. Mangan-IV-oxid verwendet man des Weiteren zum Aushärten polysulfidhaltiger, pastenförmiger Dichtstoffe durch Oxidation der Thiol-(SH-)-Gruppen. Daher findet es auch Anwendung bei der Herstellung von Firnissen und Trocknungsmitteln. Durch den Gehalt an Eisensilikat gelbgrün gefärbte Gläser kann man mit Mangan-IV-oxid aufschmelzen. Jenes würde, für sich genommen, dem Glas eine violette Farbe verleihen, aber die Farbaddition von Violett und Gelbgrün ergibt nahezu Weiß bzw. ein farbloses Glas. Auch als farbgebender Bestandteil von Ziegeln ist es anzutreffen.

Mangan-IV-oxid ist das Kathodenmaterial in Alkali-Mangan-Batterien und zersetzt sich bei der Entladung der Batterie zu Manganoxidhydroxid und Mangan-II-hydroxid.

Mangan-VII-oxid (Mn_2O_7) ist eine ölige, rotbraune, zersetzliche und stark oxidierend wirkende Flüssigkeit, die seit rund 150 Jahren bekannt ist (Aschoff 1860). Schon ab einer Temperatur von ca. $-10\,°C$ erfolgt langsame Zersetzung unter Abspaltung von Sauerstoff und gleichzeitiger Bildung von Braunstein; bei höherer Temperatur kann dieser Zerfall auch explosionsartig erfolgen und bereits durch einen leichten Schlag ausgelöst werden (Holleman et al. 1995, S. 1490; Riedel und Janiak 2007, S. 809). Mit organischen Verbindungen erfolgt sehr heftige Reaktion, Lösungsmittel wie Aceton entzündet es. Nur in perhalogenierten Kohlenwasserstoffen (wie beispielsweise Kohlenstofftetrachlorid) ist es für längere Zeit lagerfähig.

Man gewinnt die Verbindung durch Umsetzung von konzentrierter Schwefelsäure mit Kaliumpermanganat (Brauer 1981, S. 1583):

$$2\,KMnO_4 + 2\,H_2SO_4 \rightarrow Mn_2O_7 + H_2O + 2\,KHSO_4$$

Die Kristallstruktur der bei niedrigen Temperaturen als rot durchscheinender Feststoff anfallenden Mangan-VII-oxids ist typisch für kovalente, nichtionische Verbindungen. Jedes Manganatom ist tetraedrisch von vier Sauerstoffatomen umgeben, wobei jeweils zwei MnO_3-Gruppen über ein Sauerstoffbrückenatom miteinander verbunden sind.

Abb. 5.3
Kaliumpermanganat (Mangl
2007)

Die technisch wichtigste Mangan-VII-Verbindung ist *Kaliumpermanganat*
(KMnO₄), das man als starkes Oxidationsmittel, für titrimetrische Analysen und
als Desinfektans verwendet (Abb. 5.3).

Mangan-II-sulfid (MnS) tritt in Form eines grünen (α-MnS, kristallisiert im kubi-
schen Natriumchloridtyp) oder roten (β-MnS, mit Zinkblende-Struktur, oder γ-MnS,
mit Wurtzitstruktur) Pulvers auf, das bei einer Temperatur von 1610 °C schmilzt.
Die zwei roten Modifikationen sind metastabil und gehen in festem Zustand ab
einer Temperatur von ca. 250 °C in die stabile grüne über. In der Natur findet man
Mangan-II-sulfid in Form der Minerale Alabandin oder Rambergit.

Man stellt α-Mangan-II-sulfid zweckmäßig durch Reaktion einer Mangan-II-
salz Lösung mit heißer Ammoniumsulfidlösung her, wogegen die β-Modifikation
beim Einleiten von Schwefelwasserstoff in kalte Mangan-II-acetatlösung entsteht
(Brauer 1981, S. 1587). γ-Mangan-II-sulfid bildet sich dagegen bei der Einleitung
von Schwefelwasserstoff in eine kochende wässrige Aufschlämmung von Mangan-
II-hydroxid.

Durch Umsetzung wässriger Lösungen von Mangan-II-salzen mit Natronlauge
entstehen Ausfällungen rosafarbenen Mangan-II-hydroxids [Mn(OH)₂], das vor
allem im alkalischen Milieu schon durch Luftsauerstoff sehr leicht zu Mangan-III,
IV-oxidhydroxiden oxidiert wird.

Verbindungen mit Halogenen: Das unterhalb der Néel-Temperatur von −205 °C
antiferromagnetische *Mangan-II-fluorid (MnF₂)* (Yamani et al. 2010; Felcher und
Kleb 1996) kristallisiert in Form rosafarbener Prismen tetragonaler Struktur. Seine
Dichte liegt bei 3,98 g/cm³, sein Schmelz- bzw. Siedepunkt bei Temperaturen von
856 °C bzw. 1820 °C (Holleman et al. 1995, S. 1483). Es ist kaum löslich in Wasser,
löst sich aber in verdünnter Flusssäure und in konzentrierter Salz- und Salpetersäure. Die Verbindung dient als Katalysator bei Synthesen einiger Abkömmlinge
des Pyridins (Shimizu et al. 2005).

Mangan-II-fluorid gewinnt man beispielsweise durch Auflösen von Mangancarbonat in Flusssäure (I) oder aber aus den Elementen (II):

$$(I) \quad MnCO_3 + 2\,HF \rightarrow MnF_2 + CO_2 + H_2O$$

$$\text{(II)} \quad Mn + F_2 \rightarrow MnF_2$$

Mangan-III-fluorid (MnF₃) entsteht durch Fluorierung von Mangan-II-iodid (I) oder -fluorid oder aber durch Reaktion von Mangan mit überschüssigem Fluor (II) (Riedel und Janiak 2011, S. 831):

$$\text{(I)} \quad 2\,MnI_2 + 13\,F_2 \rightarrow 2\,MnF_3 + 4\,IF_5$$

$$\text{(II)} \quad Mn + 3\,F_2 \rightarrow 2\,MnF_3$$

Die rubinrote, monoklin kristallisierende Verbindung (Hepworth et al. 1957; Hepworth und Jack 1957) der Dichte 3,54 g/cm³ ist hydrolyseempfindlich und bis hinauf zu Temperaturen von 600 °C stabil. Man setzt Mangan-III-fluorid als Fluorierungsmittel ein.

Das hellblaue, sehr reaktive und stark hygroskopische *Mangan-IV-fluorid (MnF₄)* erzeugt man durch Reaktion von Mangan mit überschüssigem Fluor (I) oder durch Umsetzung von Mangan-II-fluorid mit Terbium-IV-fluorid (Torisu et al. 2009)

$$\text{(I)} \quad Mn + 2\,F_2 \rightarrow MnF_4$$

$$\text{(II)} \quad MnF_2 + 2\,TbF_4 \rightarrow MnF_4 + 2\,TbF_3$$

Die Verbindung entzündet Kohlenwasserstoffe und reagiert mit Wasser energisch unter sofortiger Hydrolyse (Hoppe et al. 1961). Im Feststoff existieren zwei verschiedene Modifikationen, von denen die α-Form Mn_4F_{20}-Ringmoleküle mit jeweils vier über Brückenfluoratome verbundenen MnF_6-Oktaedern enthält (Tressaud et al. 2000). Meist verwendet man Mangan-IV-fluorid als starkes Fluorierungs- oder Oxidationsmittel.

Das schwach rosarote *Mangan-II-chlorid (MnCl₂)* stellt man durch Umsetzung von Mangan, Mangan-II-carbonat oder Mangan-IV-oxid mit konzentrierter Salzsäure her:

$$\text{(I)} \quad Mn + 2\,HCl \rightarrow MnCl_2 + H_2 \uparrow$$

$$\text{(II)} \quad MnCO_3 + 2\,HCl \rightarrow MnCl_2 + CO_2 \uparrow + H_2O$$

$$\text{(III)} \quad MnO_2 + 4\,HCl \rightarrow MnCl_2 + 2\,H_2O + Cl_2 \uparrow$$

Abb. 5.4
Mangan-II-chlorid
Tetrahydrat (Walkerma
2005)

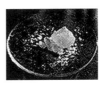

Mangan-II-chlorid ist stark hygroskopisch, sehr leicht wasserlöslich (720 (wasserfreies Salz) bis 1980 g/L bei 20 °C) und bildet verschiedene Hydrate. Das Tetrahydrat (Abb. 5.4) schmilzt bei einer Temperatur von 58 °C, das wasserfreie Salz bei 650 °C. Man setzt die Verbindung in Katalysatoren, für die Produktion von Trockenbatterien, korrosionsbeständigen Magnesiumlegierungen und von Antiklopfmitteln ein (Reidies 2005).

Das schwarze *Mangan-III-chlorid (MnCl$_3$)* entsteht nur bei tiefen Temperaturen, da es sich oberhalb einer Temperatur von -40 °C zu Mangan-II-chlorid und Chlor zersetzt. Beispielsweise liefern die Reaktionen von Mangan-IV-oxid mit Chlorwasserstoff in Ethanol bei -63 °C oder die von Mangan-III-acetat mit Chlorwasserstoff bei Temperaturen um -100 °C Mangan-III-chlorid (McIntyre 1992; Zuckerman 2009). Ebenso sind Mangan-III-aminkomplexe zugänglich (Funk und Kreis 1967).

Das violette, trigonal kristallisierende *Mangan-II-bromid (MnBr$_2$)* schmilzt bzw. siedet bei Temperaturen von 698 °C bzw. 1027 °C. Man erzeugt es entweder aus Mangan und Brom (I) oder durch Umsetzung von Mangan-IV-oxid mit Bromwasserstoffsäure (II):

$$(I) \quad Mn + Br_2 \rightarrow MnBr_2$$

$$(II) \quad MnO_2 + 4\,HBr \rightarrow MnBr_2 + Br_2 + 2\,H_2O$$

Verwendung findet es als Katalysator bei einigen organischen Synthesen, beispielsweise der Stille-Kupplung zur Herstellung von Biarylen (Cepanec 2004).

Das rosafarbene *Mangan-II-iodid (MnI$_2$)* stellt man aus Mangan-II-oxid oder -carbonat und Iodwasserstoff her (Schuman 2007, S. 352). Die in wasserfreiem Zustand trigonal, in Form des Tetrahydrats monoklin kristallisierende Verbindung (Moore et al. 1985) ist ziemlich oxidationsempfindlich, färbt sich an der Luft braun und löst sich leicht in Wasser unter hydrolytischer Zersetzung. Die Verbindung der Dichte 5 g/cm^3 schmilzt bei einer Temperatur von 701 °C.

Sonstige Manganverbindungen: Mangancarbid (Mn$_3$C) besitzt eine Dichte von 6,89 g/cm^3, bildet grau glänzende Kristalle und hydrolysiert in Wasser zu Methan, Wasserstoff und Mangan-II-hydroxid.

Das blassrosafarbene, gut wasserlösliche *Mangan-II-nitrat [Mn(NO$_3$)$_2$]* erzeugt man durch Auflösen von Mangan-II-carbonat in verdünnter Salpetersäure. Man verwendet es zur Herstellung von Porzellanfarben und hochreinen Mischoxiden sowie als Dünger für Getreide. In den meisten Komplexen tritt Mangan in der Oxidationsstufe +2 auf. Die oktaedrisch koordinierten sind meist paramagnetisch und rosa gefärbt. Niedrigere Oxidationszahlen findet man im Dimangandecacarbonyl [Mn$_2$(CO)$_{10}$; 0] oder im Mn(NO)$_3$CO [-3 (!)]. Als Resonanzmittel für die Magnetresonanzspektroskopie der Leber dient das anderen Produkten überlegene Mangafodipir (Bellin 2006).

Anwendungen

Reines Mangan wird technisch kaum genutzt. Nahezu die gesamte abgebaute Menge an Mangan (130.000 t/a) wird dagegen mit Stahl zu Ferromangan legiert, bindet darin Sauerstoff und Schwefel und erhöht gleichzeitig die Härte des Stahls. Es verhindert durch Bindung des Schwefels beispielsweise die Bildung des leicht schmelzenden Eisensulfides. Dadurch, dass es dem Stahl Sauerstoff entzieht, erhöht es dessen Aufnahmevermögen für Stickstoff, was die Resistenz des Stahls gegenüber Korrosion erhöht.

Ähnliche Effekte zeigt es in Legierungen mit Kupfer und Aluminium, wo es ebenfalls die Festigkeit, Korrosionsbeständigkeit und Verformbarkeit verbessert. Eine besondere Wirkung besitzt eine in elektrischen Messgeräten eingesetzte, aus 83 % Kupfer, 12 % Mangan und 5 % Nickel bestehende Legierung, deren elektrischer Widerstand nur wenig von der Temperatur abhängig ist.

In LED setzt man manganhaltige Aktivatoren ein, so emittiert BaMgAl$_{10}$O$_{17}$:Eu^{2+}, Mn^{2+} grünes, Mg$_{14}$Ge$_5$O$_{24}$:Mn^{4+} rotes Licht (S. Shionoya et al. 2006).

Mangan-IV-oxid geht als Kathode in Alkali-Mangan-Batterien und wurde schon in der Steinzeit als Pigment in Höhlenmalereien nachgewiesen (Chalmin et al. 2003, 2006). Auch die Römer nutzten bereits Manganverbindungen in der Färbung von Glas (Sayre und Smith 1961; McCray 1998). Mangan-IV-oxid diente lange Zeit im Weldon-Verfahren zur Oxidation von Salzsäure (Chlorwasserstoff) zu Chlor.

Physiologie, Toxizität

Mangan ist für alle Lebewesen essenziell und Komponente diverser Enzyme, wo es aufgrund seiner zahlreichen Oxidationsstufen in unterschiedlichen Funktionen auftreten kann. Diese findet man in der Photosynthesereaktion (Yano et al. 2006) ebenso wie bei anaeroben Vorgängen (Madigan und Martinko 2009).

Enzyme, die Superoxid abbauen (Superoxiddismutasen; Alscher 2002; Law et al. 1998) oder Sauerstoff in bestimmte organische Moleküle einbauen können (Dioxygenasen), enthalten als wirksames Prinzip redoxaktive Manganionen.

Manganperoxidase ist als eines der wenigen bekannten Enzyme zum Abbau von Lignin in der Lage. An vielen anderen enzymatisch katalysierten Reaktionen ist Mangan gleichfalls beteiligt (Arginasen, Hydrolasen, Kinasen, Decarboxylasen, Transferasen, Katalasen und Ribonukleotidreduktasen).

Der Mensch nimmt Mangan über den Dünndarm auf und speichert es meist in den Nieren, der Leber und der Bauchspeicheldrüse. Die Zellsubstanz enthält es in Mitochondrien, Lysosomen und im Zellkern, oft an Eiweißmoleküle gebunden (Takeda 2003). Wegen der dennoch niedrigen vom Menschen benötigten Menge (1 mg pro Tag) ist ein Mangel an Mangan selten, der sich bei Tieren beispielsweise in Deformationen des Skeletts, Nervenschäden und Wachstumsstörungen äußert. Nahrungsmittel mit hohem Gehalt an Mangan sind schwarzer Tee, Weizenkeime, Haselnüsse, Haferflocken, Sojabohnen, Leinsamen, Heidel- und Aroniabeeren sowie Roggenvollkornbrot (Ekmekcioglu und Marktl 2006).

Das Inhalieren manganhaltigen Staubs kann Schäden der Lunge verursachen, die sich zuerst in Form von Husten, Bronchitis oder Lungenentzündung äußern. Konzentrationen an Mangan, die den MAK-Wert überschreiten (0,02 mg/m^3 für sehr feinen bzw. 0,2 mg/m^3 für generell inhalierbaren Staub), können das zentrale Nervensystem schädigen, was in Bewegungsstörungen oder starkem Zittern zum Ausdruck kommt (Santamaria und Sulsky 2010). Durch Aufnahme von Mangan hervorgerufene Erkrankungen sind als Berufskrankheit (1105) anerkannt.

Analytik

Es gibt mehrere qualitative Nachweise für Mangan. Zum einen ist in wässriger Lösung vorhandenes Mn^{2+} im Sauren mittels Blei-IV-oxid zu violettem Permanganat oxidierbar. Im alkalischen Milieu ist die Oxidation leicht durch Zugabe von Wasserstoffperoxid zu bewirken und führt zur Ausfällung von Mangan-IV-oxid:

$$Mn^{2+} + H_2O_2 + 2\,OH^- \rightarrow MnO(OH)_2 \downarrow + H_2O$$

Die Phosphorsalzperle färbt sich in Gegenwart von Mangan durch Bildung von Mn^{3+} violett, das Aufschmelzen mit Nitrat führt zur Bildung von grünem Manganat-VI (MnO_4^{2-}) (Strähle und Schweda 1995, S. 186–192). Quantitativ ist Mangan mittels der Atomabsorptionsspektroskopie (bei 279,5 nm), photometrisch über Permanganat (Absorptionsmaximum: 525 nm) oder titrimetrisch nach Vollhard-Wolff bestimmbar. Bei letztgenanntem Verfahren titriert man eine Mn^{2+}-Ionen enthaltende Lösung mit Permanganat, worauf infolge Komproportionierung zunächst Mangan-IV-oxid (Braunstein) ausfällt. Vom Endpunkt an verbleibt Permanganat in Lösung, was sich in einer Rosa-, direkt danach in einer Violettfärbung äußert (Strähle und Schweda 1995, S. 378).

5.2　Technetium

Symbol:	Tc	
Ordnungszahl:	43	
CAS-Nr.:	7440-26-8	
Aussehen:	Silbergrau glänzend	Technetium, (http://www.webqc. org 2016)
Entdecker, Jahr	Segrè und Perrier (Italien), 1937	
Wichtige Isotope [natürliches Vorkommen (%)]	Halbwertszeit	Zerfallsart, -produkt
$^{96}_{43}$Tc (synthetisch)	4,28 d	$\varepsilon > ^{96}_{42}$Mo
$^{97}_{43}$Tc (synthetisch)	$2,6 \cdot 10^6$ a	$\varepsilon > ^{97}_{42}$Mo
$^{98}_{43}$Tc (synthetisch)	$4,2 \cdot 10^6$ a	$\beta^- > ^{98}_{44}$Ru
$^{99}_{43}$Tc (synthetisch)	211.100 a	$\beta^- > ^{99}_{44}$Ru
Massenanteil in der Erdhülle (ppm):		$1,2 \cdot 10^{-19}$
Atommasse (u):		98,906
Elektronegativität (Pauling ♦ Allred&Rochow ♦ Mulliken)		1,9 ♦ K. A. ♦ K. A.
Normalpotential: $TcO_2 + 4e^- + 4 H^+ \rightarrow Tc + 2 H_2O$ (V)		0,272
Atomradius (berechnet) (pm):		135 (185)
Van der Waals-Radius (pm):		Keine Angabe
Kovalenter Radius (pm):		147
Ionenradius (Tc^{2+}/ Tc^{4+}, pm):		95 / 72
Elektronenkonfiguration:		[Kr] $4d^5 5s^2$
Ionisierungsenergie (kJ / mol), erste ♦ zweite ♦ dritte:		702 ♦ 1472 ♦ 2850
Magnetische Volumensuszeptibilität:		$3,9 \cdot 10^{-4}$
Magnetismus:		Paramagnetisch
Kristallsystem:		Hexagonal
Elektrische Leitfähigkeit([A / (V • m)], bei 300 K):		$4,54 \cdot 10^6$
Elastizitäts- ♦ Kompressions- ♦ Schermodul (GPa):		407 ♦ 297 ♦ 123
Vickers-Härte ♦ Brinell-Härte (MPa):		Keine Angabe
Mohs-Härte		5,5
Schallgeschwindigkeit (longitudinal, m/s, bei 293,15 K):		16.200
Dichte (g / cm³, bei 293,15 K)		11,5
Molares Volumen (m³ / mol, im festen Zustand):		$8,63 \cdot 10^{-6}$
Wärmeleitfähigkeit [W / (m • K)]:		51
Spezifische Wärme [J / (mol • K)]:		24,27
Schmelzpunkt (°C ♦ K):		2157 ♦ 2430
Schmelzwärme (kJ / mol)		23
Siedepunkt (°C ♦ K):		4265 ♦ 4538
Verdampfungswärme (kJ / mol):		550

Geschichte

Technetium kommt auf der Erde in extrem geringen Spuren natürlich vor, ist aber in größeren Mengen nur auf künstlichem Wege herstellbar. Alle Isotope des Elements sind radioaktiv, womit Technetium zusammen mit Promethium (Ordnungszahl 61) das einzige Element ist, das eine geringere Ordnungszahl als Bismut besitzt und dennoch radioaktiv ist.

Über lange Zeit bestand in dem von Mendelejev konzipierten Periodensystem der Elemente eine Lücke zwischen Molybdän (Ordnungszahl 42) und Ruthenium (Ordnungszahl 44). Mendelejev sagte einige der Eigenschaften dieses Elementes voraus, ohne dessen Entdeckung noch zu erleben. Bereits seit Beginn des 19. Jahrhunderts wurden verschiedene Ansprüche auf eine angebliche Entdeckung des Elements erhoben. Es begann 1828 mit dem von Osann beschrieben Polinium, das sich später als verunreinigtes Iridium herausstellte (Kenna 1962). 1847 bezeichnete Rose das vermeintlich entdeckte, später Technetium genannte Element als Pelopium (De Jonge und Pauwels 1996).

Die erste auf die Entdeckung des noch unbekannten Elementes mit der Ordnungszahl 43 gerichtete Suche endete 1877 mit der Benennung Davyum (Kern 1877), das aber später als Legierung von Rhodium und Iridium identifiziert wurde. Wiederum später reklamierte Ogawa die Entdeckung des Nipponiums für sich (Yoshihara 2004), das sich später als Rhenium herausstellte (Kenna 1962).

1925 glaubten Noddack und Tacke, die im gleichen Jahr noch das Rhenium entdeckten, auch das Element 43 identifiziert zu haben und nannten es Masurium. Sie beschossen das Mineral Columbit mit einem Elektronenstrahl und schlossen aus dem Röntgenspektrum auf das Vorliegen des neuen Elements. Die Versuche konnten jedoch weder von anderen Arbeitsgruppen reproduziert werden, noch gelang Noddack und Tacke die Darstellung des reinen Elements. Daher fand die Entdeckung zunächst keine Anerkennung (Weeks 1933). 65 Jahre später, im Jahre 1998, simulierten Armstrong (National Institute of Standards and Technology) und Curtis (Los Alamos National Laboratory) die Arbeiten von Noddack und Tacke mittels moderner Methoden und kamen überraschenderweise zu ähnlichen Ergebnissen, weshalb die erstmalige Entdeckung des Technetiums wieder offen ist (Zingales 2005).

Zwölf Jahre nach Noddacks und Tackes Arbeiten, im Jahre 1937, konnten Segrè und Perrier das damals neue, erstmalig nur auf künstlichem Wege zugängliche Element aus einer mit Deuteronen bombardierten Molybdänfolie isolieren:

$$^{96}_{42}\text{Mo} + ^{2}_{1}\text{D} \rightarrow ^{97}_{43}\text{Tc} + ^{1}_{0}\text{n}$$

Die Entdecker nannten das Element Technetium (Emsley 2001; Perrier und Segrè 1947).

Vorkommen

Schon 1952 gelang der spektroskopische Nachweis, dass zumindest in einigen Roten Riesen wegen der in ihnen herrschenden extrem hohen Temperaturen und Drücke Technetiumisotope vorkommen (Paul und Merrill 1952). Da das Alter dieser Sterne schon mehrere Mrd. a beträgt, das langlebigste Isotop des Technetiums aber nur eine Halbwertszeit von ca. 4 Mio. a besitzt, galt dies als erster klarer Beweis, das Isotope derartig schwerer Elemente im Inneren solcher Sterne gebildet werden können (Moore 1951). Die Masse und Energie unserer Sonne reicht hingegen nicht zur Bildung dieser Isotope aus, bestenfalls lässt sich das Vorhandensein von Isotopen des Eisens (Ordnungszahl 26) im Sonnenspektrum nachweisen.

Die winzigen Mengen, in denen Technetium auf der Erde vorkommt, sind ausschließlich intermediäre Produkte des Zerfalls schwererer Atomkerne und zerfallen sofort weiter. Die in der Erdkruste enthaltene Menge an Technetium entspricht von der Größenordnung etwa der des Franciums und Astats. Genau genommen, bildet 1 kg Uran mit einer ausschließlichen Isotopenzusammensetzung von $_{92}^{238}$U als vorletztes Glied der nachfolgenden Zerfallskette ein Billionstel (!) dieser Menge, also 1 ng, an Technetium $\left(_{43}^{99}\text{Tc}\right)$ (Dixon et al. 1997; Curtis 1999).

$$_{92}^{238}\text{U} \rightarrow (\text{SF})_{53}^{137}\text{I} + _{39}^{99}\text{Y} + 2_0^1\text{n}$$

$$_{39}^{99}\text{Y} \rightarrow (\beta^-; 1,5\text{ s})_{40}^{99}\text{Zr} \rightarrow (\beta^-; 2, 1\text{ s})_{41}^{99}\text{Nb} \rightarrow (\beta^-; 15\text{ s})_{42}^{99}\text{Mo} \rightarrow (\beta^-; 66\text{ h})_{43}^{99}\text{Tc}$$

$$_{43}^{99}Tc \rightarrow (\beta^-; 211.100\text{ a})_{44}^{99}\text{Ru}$$

Im Vergleich dazu ist die bislang vom Menschen erzeugte und teils auch in die Natur freigesetzte Menge an Technetium riesig. Versuche mit Kernwaffen setzten bisher insgesamt ca. 250 kg frei, und mehrere t des Elements entstammten Wiederaufarbeitungsanlagen und Kernkraftwerken(Yoshihara 1996; Tagaki 2003). In manchen Meerestieren ist wegen eines durch Einleitung technetiumhaltiger Abwässer stark radioaktiv belasteten Lebensraumes ebenfalls Technetium nachzuweisen (Harrison und Phipps 2001).

Gewinnung

Jährlich entstehen in Kernreaktoren einige t des Metalls durch Spaltung des Uranisotops $_{92}^{235}$U, weswegen abgebrannte Brennstäbe einen Anteil an Technetium von rund 6 % (!) aufweisen. Daher dürfte sich die bislang auf künstlichem Weg hergestellte Menge des Metalls auf -extrapoliert- rund 100 t belaufen und übertrifft damit die natürlich vorkommende um Größenordnungen.

Bei der Wiederaufarbeitung dieser abgebrannten Kernbrennstäbe löst man das Technetium in wässrigem Medium auf und oxidiert es zu Pertechnetat (TcO_4^-). Nach Abwarten einer gewissen Abklingzeit kann man es dann von Salzen anderer in der Lösung enthaltenen Elementen (Uran, Neptunium, Plutonium) abtrennen. Nach Umwandlung zu *Ammoniumpertechnetat (NH_4TcO_4)* oder auch *Ammoniumhexachlorotechnetat-IV [$(NH_4)_2TcCl_6$]* lässt man diese Verbindungen dann bei erhöhter Temperatur mit Wasserstoff reagieren, worauf sich metallisches Technetium bildet. Ein zweiter Darstellungsweg ist die Elektrolyse einer schwefelsauren, wasserstoffperoxidhaltigen Lösung von Ammoniumpertechnetat.

Es wird jedoch weit mehr Technetium produziert als genutzt werden kann. Daher muss die größte Menge des im Reaktor hergestellten Materials endgelagert werden. Erschwerend wirkt die lange Halbwertszeit der erzeugten Isotope des Technetiums. Zurzeit wird noch die Lagerung in Salzstöcken favorisiert, jedoch bestehen Bedenken wegen einer eventuell zu leicht möglichen Auswaschung durch Grundwasser.

Soll Technetium in der Medizin eingesetzt werden, so beschießt man Molybdän mit Neutronen. Das so erhaltene Isotop $_{42}^{99}Mo$ erleidet β^--Zerfall zum Isotop $_{43}^{99m}Tc$, das unter Aussendung der therapeutisch eingesetzten γ-Strahlen in das Isotop $_{43}^{99}Tc$ übergeht:

$$_{42}^{98}Mo + _0^1n \rightarrow _{42}^{99}Mo \quad _{42}^{99}Mo \rightarrow (\beta^-)_{43}^{99m}Tc \quad _{43}^{99m}Tc \rightarrow (\gamma)_{43}^{99}Tc$$

Bei diesem Prozess entsteht nach Auflösen des Metalls schließlich Pertechnetat (TcO_4^-) in Konzentrationen von 10 bis 1000 nmol/L. Nach dessen Konzentration und Aufarbeitung entstehen Verbindungen, die man mit Wasserstoffgas zu metallischem Technetium reduziert.

Eigenschaften

Physikalische Eigenschaften: Technetium ist ein in kompakter Form silbergraues, als Pulver mattgraues, radioaktives Metall. Sein Schmelz- bzw. Siedepunkt liegt mit 2157 °C bzw. 4265 °C ziemlich hoch und zwischen den jeweiligen Werten des Molybdäns und Rutheniums. Das Metall kristallisiert hexagonal (Schubert 1974); das Linienspektrum weist Emissionen bei 363, 403, 410, 426, 430 und 485 nm auf.

Bei Raumtemperatur zeigt Technetium einen schwachen Paramagnetismus. Unterhalb einer Temperatur von −265,45 °C wird das hochreine Metall supraleitend. Die Durchlässigkeit für Magnetfelder ist im supraleitenden Zustand sehr hoch und wird nur noch von der des Niobs übertroffen.

Alle bisher bekannten 34 Isotope des Elements sind radioaktiv. Die längstlebigen sind $_{43}^{98}Tc$, $_{43}^{97}Tc$ und $_{43}^{99}Tc$ mit Halbwertszeiten von 4,2 Mio., 2,6 Mio. bzw.

211.100 a. $^{99}_{43}$Tc ist ein weicher β^--Strahler. Ist die Massenzahl der Technetiumisotope <98, so fangen sie Elektronen ein (ε) und gehen in Molybdänisotope gleicher Massenzahl über. Die Isotope mit Massenzahlen 99 und ≥ 101 erleiden dagegen β^-Zerfall zu den jeweiligen Isotopen des Rutheniums. Nur für das Isotop $^{100}_{43}$Tc sind beide Zerfallswege möglich.

Warum ist Technetium als Element relativ niedriger Massenzahl instabil? Atomkerne sind nur dann stabil, wenn sich die Zahl der Neutronen und Protonen miteinander im Gleichgewicht befindet. Für Technetium liegt dieser Bereich möglicherweise beständiger Isotope bei Massenzahlen zwischen 95 und 101. Nur sind auch diese Isotope sämtlich radioaktiv.

Kerne einer konstanten Zahl von Nukleonen (Protonen plus Neutronen), aber verschiedener Protonen- (Kernladungs- oder Massen)zahl heißen Isobare, wie beispielsweise $^{99}_{42}$Mo, $^{99}_{43}$Tc und $^{99}_{44}$Ru.

Die Kernbindungsenergie der Atomkerne dieser Isobaren ist parabelförmig abhängig von der Zahl der Protonen, wobei der Scheitelpunkt der Parabel die Kernbindungsenergie innerhalb des stabilsten Atomkerns wiedergibt (Mattauch 1934).

Bei **ungerader** Nukleonenzahl liegen die Energiewerte aller Kerne ebenfalls auf einer Parabel und nur das stabilste existiert auch, also das, dessen Kernbindungsenergie in der Nähe des Parabelmaximums liegt. Für den in Betracht kommenden Nukleonenbereich von 95 bis 101 sind dies aber nur Isotope der zu Technetium benachbarten Elemente Molybdän und Ruthenium, sodass alle Technetiumisotope **ungerader** Nukleonenzahl schon einmal instabil, d. h. radioaktiv, sind.

Ist die Nukleonenzahl dagegen gerade, können Isotope mehrerer Elemente stabil sein. Hierfür existieren zwei unterschiedliche Energiekurven, eine für gg-Kerne (jeweils gerade Zahl an Protonen und Neutronen) und eine für die energiereicheren, also instabileren uu-Kerne (jeweils ungerade Zahl an Protonen und Neutronen). Das Vorhandensein von gg-Kernen ist bevorzugt, und nur wenn es keinen gg-Kern gleicher Nukleonenzahl gibt, existiert der entsprechende uu-Kern. Die Atomkerne des Technetiums gerader Massenzahl $\left(^{96}_{43}\text{Tc}, ^{98}_{43}\text{Tc und } ^{100}_{43}\text{Tc}\right)$ sind alle uu-Kerne und könnten nur dann beständig sein, falls es keine stabilen gg-Kerne gleicher Nukleonenzahl gäbe. Da aber jedes der Isotope $^{96}_{42}$Mo, $^{98}_{42}$Mo, $^{100}_{42}$Mo, $^{96}_{44}$Ru, $^{98}_{44}$Ru und $^{100}_{44}$Ru stabil ist, entfällt auch diese Möglichkeit, dass Technetium stabile Isotope besitzen könnte.

Chemische Eigenschaften: Technetium ähnelt in seinen chemischen Eigenschaften weit mehr dem Rhenium als dem Mangan. Während die beständigste Oxidationsstufe des Mangans $+2$ (Mn^{2+}) ist, liegt Technetium in seinen Verbindungen oft auch in anderen Oxidationsstufen vor ($+4$, $+5$ und $+7$). Auch $+1$, $+$

3, 0 und sogar −1 sind beschrieben, während gerade die bei Mangan verbreitete Oxidationszahl +2 nur selten auftritt (Rimshaw und Hampel 1968).

Pulverförmiges Technetium ist leicht brennbar und reagiert auch heftig mit reaktiven Nichtmetallen. Auch das kompakte Metall läuft an feuchter Luft infolge Korrosion langsam an. Hingegen ist Technetium überraschend beständig gegenüber Säuren wie Salz- oder Flusssäure, nur in konzentrierter Schwefel- oder Salpetersäure löst es sich.

Verbindungen

Verbindungen mit Halogenen: Technetium-VI-fluorid (TcF$_6$) ist das höchste Fluorid des Technetiums und wird durch Erhitzen von Technetium im Fluorstrom bei Temperaturen um 400 °C erhalten (Selig et al. 1961). Der goldgelbe, oberhalb von −4,5 °C kubisch, darunter orthorhombisch kristallisierende Feststoff (Siegel und Northrop 1966) der Dichte 3,6 g/cm^3 (Drews et al. 2006) schmilzt bei einer Temperatur von 37 °C; die Flüssigkeit siedet bei 55 °C (Selig und Malm 1962; Osborne et al. 1978). Im Molekül der Verbindung ist ein Technetium- von sechs Fluoratomen oktaedrisch umgeben (Claassen et al. 1962, 1970).

Technetium-VI-fluorid ist ein starkes Fluorierungsmittel und unzersetzt nur in sehr wenigen Medien, wie etwa Iodpentafluorid, löslich. Durch Iod wird es sofort zu Technetium-V-fluorid reduziert (Binenboym und Selig 1976). Mit Alkalichloriden setzt es sich zu Alkalihexafluorotechnetat-V (TcF$_6{}^-$) um (Edwards et al. 1963; Hugill und Peacock 1966). Mit Natronlauge erleidet die Verbindung Hydrolyse und Reduktion zu schwarzem, aus der Lösung ausfallenden Technetium-IV-oxid (TcO$_2$). In Flusssäure gelöstes Hydraziniumfluorid reduziert das in der Oxidationsstufe +6 vorliegende Element zu +5 bzw. +4, dies unter Bildung von Hydraziniumhexafluorotechnetat-IV bzw. -V (Frlec et al. 1967).

Das grüne *Technetiumhexachlorid (TcCl$_6$)* ist in der Literatur nicht näher beschrieben, wohl aber das rote, paramagnetische, orthorhombisch kristallisierende und hydrolyseempfindliche *Technetiumtetrachlorid (TcCl$_4$)* (Brauer 1981, S. 1600). Von der Substanz ist in der Literatur nur der Siedepunkt mit 300 °C angegeben; oberhalb einer Temperatur von 450 °C soll es sich zu Technetium-III- bzw. -II-chlorid zersetzen. Seine Darstellung erfolgt entweder direkt aus den Elementen (I) oder aus *Technetium-VII-oxid (Tc$_2$O$_7$)* und *Tetrachlorkohlenstoff (CCl$_4$)* (II, Housecroft 2005); allerdings entstehen bei letztgenannter Synthese die giftigen Gase Phosgen und Chlor:

$$\text{(I)} \quad \text{Tc} + 2\,\text{Cl}_2 \rightarrow \text{TcCl}_4$$

$$\text{(II)} \quad Tc_2O_7 + 7\,CCl_4 \rightarrow 2\,TcCl_4 + 7\,COCl_2 + 3\,Cl_2$$

Vor wenigen Jahren gelang die Darstellung von *Technetium-III-chlorid (TcCl₃)* aus Ditechnetium-III-dichlorid-tetraacetat und Chlorwasserstoff bei Temperaturen um 300 °C. Im Kristallgitter des schwarzen Festkörpers befinden sich Tc_3Cl_9-Einheiten, die entsprechend einer C_{3V}-Symmetrie angeordnet sind (Poineau et al. 2010). Es gibt zahlreiche weitere Halogenide und Oxidhalogenide, über die aber nur spärliche Daten zu finden sind, wie beispielsweise das rotbraune *Technetiumtetrabromid (TcBr₄)*, die *Technetium-VII-trioxidhalogenide (TcO₃F, TcO₃Cl, TcO₃Br und TcO₃I)*, die *Technetium-VI-oxidtetrahalogenide (TcOF₄, TcOCl₄)* und die *Technetium-V-oxidtrihalogenide (TcOF₃, TcOCl₃ und TcOBr₃)*. Alle diese Verbindungen sind meist sehr hydrolyseempfindlich und werden durch Wasser schnell zersetzt.

Verbindungen mit Chalkogenen: Technetium-IV-oxid (TcO₂) ist ein braunschwarzer, leicht paramagnetischer (Steigman et al. 1992) Feststoff der Dichte 6,9 g/cm³, der oberhalb einer Temperatur von 900 °C zu sublimieren beginnt und der bei weiterem Erhitzen zu Technetium und Technetium-VII-oxid disproportioniert. Salpetersäure oder Wasserstoffperoxid oxidieren es zu *Pertechnetat (TcO₄⁻)* (Brauer 1981, S. 1599). Man erhält die Verbindung entweder durch Erhitzen von Ammoniumpertechnetat bei Temperaturen um 800 °C (I) oder durch Reduktion von Technetium-VII-oxid mit Wasserstoff (II; Schwochau 2000):

$$\text{(I)} \quad 2\,NH_4TcO_4 \rightarrow 2\,TcO_2 + 4\,H_2O + N_2$$

$$\text{(II)} \quad Tc_2O_7 + 3\,H_2 \rightarrow 2\,TcO_2 + 3\,H_2O$$

Technetium-VII-oxid (Tc₂O₇) ist durch Verbrennen von Technetium im Sauerstoffstrom bei Temperaturen von 450–500 °C zugänglich (Brauer 1981, S. 1598). Die nadelförmigen, gelben Kristalle orthorhombischer Struktur haben die Dichte 3,5 g/cm³, schmelzen bei 120 °C (die Flüssigkeit siedet bei 311 °C) und sind stark wasseranziehend. In Wasser lösen sie sich leicht unter Bildung von in höheren Konzentrationen pinkfarbenen Lösungen von *Pertechnetiumsäure (HTcO₄)* (Krebs 1969; Herrell et al. 1977). Diese Verbindung gehört zu den starken Säuren; ihr Pertechnetatanion wirkt im Gegensatz zu Permanganat nur noch leicht oxidierend.

Technetium-IV-sulfid (TcS₂) ist aus den Elementen darstellbar, das schwarze *Ditechnetiumheptasulfid (Tc₂S₇)* durch Einleiten von Schwefelwasserstoff in eine wässrige Lösung von Pertechnetiumsäure (Schwochau 2000):

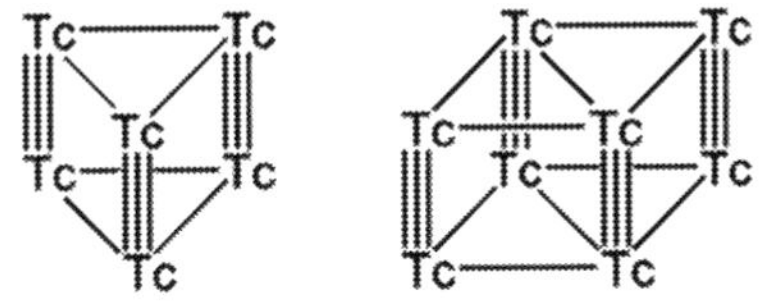

Abb. 5.5
Technetiumcluster Tc$_6$ und
Tc$_8$ (Aglarech 2005)

 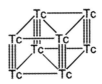

$$\text{(I)} \quad 2 \, \text{HTcO}_4 + 7 \, \text{H}_2\text{S} \rightarrow \text{Tc}_2\text{S}_7 + 8 \, \text{H}_2\text{O}$$

Beim Erhitzen zersetzt sich Tc$_2$S$_7$ zu Technetium-IV-sulfid und Schwefel:

$$\text{(II)} \quad \text{Tc}_2\text{S}_7 \rightarrow 2 \, \text{TcS}_2 + 3 \, \text{S}$$

Mit den höheren Chalkogenen bildet Technetium analog *Technetium-IV-selenid (TcSe$_2$)* und *-tellurid (TcTe$_2$)* (Schwochau 2000).

Sonstige Verbindungen: Technetium zeigt kaum noch eine „metalltypische" Kationenchemie, bildet eher kovalente Verbindungen mit Molekülstruktur oder auch Cluster. Im Molekül des *Hydridotechnetat-VII-Komplexes ([TcH$_9$]$^{2-}$)* ist ein Technetiumatom trigonal-prismatisch von insgesamt neun Wasserstoffanionen umgeben.

Hinsichtlich der Fähigkeit, direkte Ein- und Mehrfachbindungen zwischen Metallatomen einzugehenden, ähnelt Technetium nur noch dem Rhenium, einigen Platinmetallen und dem Gallium (Abb. 5.5).

Oben sind die beiden wichtigsten *Technetium-Cluster* abgebildet, der Tc$_6$- und der Tc$_8$-Cluster. In beiden sind je zwei Technetiumatome durch eine Dreifachbindung miteinander verbunden. Die Chemie dieser Cluster ist schon seit Längerem Gegenstand ausführlicher Untersuchungen (Kryutchkov 1996).

Ein *Technetiumcarbid* der ungefähren Zusammensetzung *Tc$_6$C* wird gebildet, wenn Technetiummetall zusammen mit Kohle (Anteil ca. 16 %) erhitzt wird; die Entstehung des Carbids erkennt man dann am abrupten Wechsel der Kristallstruktur des Gitters der Technetiumatome von hexagonal nach kubisch.

Ditechnetiumdekacarbonyl [Tc$_2$(CO)$_{10}$] ist aus Technetium-VII-oxid und Kohlenmonoxid unter Druck zugänglich und ein weißer Feststoff (Hileman et al. 1961). Neuerdings wurden zahlreiche Derivate des Carbonyls hergestellt (Sidorenko 2010). Im Molekül des Carbonyls sind zwei durch eine schwache Einfachbindung miteinander verbundene Technetiumatome von jeweils fünf, in oktaedrischer Symmetrie angeordneten Kohlenmonoxidmolekülen umgeben (Bailey und Dahl 1965; Wallach 1962). Die zu Technetium verwandten Elemente der siebten Nebengruppe, Mangan und Rhenium, bilden analoge Carbonyle.

Anwendungen

Der größte Teil des nur in geringen Mengen gehandelten Technetiums dient als Radiotherapeutikum (Schwochau 1994). Das mit Abstand wichtigste Isotop des Technetiums, das für diese Zwecke genutzt wird, ist das sehr kurzlebige $^{99m}_{43}\text{Tc}$ (Halbwertszeit: 6 h). Man gewinnt es aus speziellen Reaktoren (Dilworth und Parrott 1998), von denen auf der ganzen Welt aber nur maximal fünf im Einsatz sind. Die Überalterung dieser Reaktoren und damit sich häufende Stillstände lassen Engpässe bei der Versorgung mit diesem Isotop befürchten.

Seine kurze Halbwertszeit, die sehr weiche γ-Strahlung und die Fähigkeit, sich an viele im menschlichen Körper vorhandene Moleküle anzulagern, prädestinieren $^{99m}_{43}\text{Tc}$ als Tracer für die Szintigraphie. Dazu koppelt man das in Lösung vorliegende Technetium an Eiweiße oder Antikörper und injiziert sie in den Blutkreislauf. Das Technetium lagert sich dabei auch an Tumorzellen an und macht sie nicht nur „sichtbar", sondern kann sie teils auch bekämpfen. Die meisten inneren Organe des Menschen sind so erfassbar.

Der größte Teil des $^{99m}_{43}\text{Tc}$ wird schnell wieder aus dem Körper ausgeschieden, eine kleine Menge verbleibt aber im Körper und zerfällt zu $^{99m}_{43}\text{Tc}$, das eine lange Halbwertszeit von 212.000 Jahren besitzt und ein weicher β-Strahler ist.

Überraschenderweise erwiesen sich Ammonium- oder Kaliumpertechnetat als äußerst wirksames Rostschutzmittel für Stahl. Selbst unter drastischen Bedingungen (auf bis zu 250 °C erhitzter Wasserdampf) wird Stahl nach vorheriger Behandlung mit einer Lösung von 55 mg/L Kaliumpertechnetat ($KTcO_4$) in belüftetem entionisiertem (!) Wasser nicht oxidiert.

Physiologie und Toxikologie

Technetium besitzt nach bisher vorliegenden Resultaten nur eine geringe chemische Toxizität, jedoch sind alle Isotope des Elementes radioaktiv und müssen entsprechend ihrer Strahlungsintensität in Strahlenschutzbehältern aufbewahrt werden. Im Falle des Isotops $^{99m}_{43}\text{Tc}$ gilt zur Abschirmung der freigesetzten weichen Röntgenstrahlung ein Sicherheitsabstand von 30 cm als ausreichend. Einatmen staubförmigen Metalls muss unbedingt vermieden werden, da dieses in den Lungen abgelagert wird und über die Zeit Krebs verursachen kann.

5.3   Rhenium

Symbol:	Re	
Ordnungszahl:	75	
CAS-Nr.:	7440-15-5	
Aussehen:	Grauweiß glänzend	Rhenium, Barren und Würfel O 1cm (alchemist-hp 2010)
Entdecker, Jahr	Noddack, Tacke und Berg (Deutschland), 1925	
Wichtige Isotope [natürliches Vorkommen (%)]	Halbwertszeit (a)	Zerfallsart, -produkt
$^{185}_{75}$Re (37,4)	Stabil	----
$^{187}_{75}$Re (62,6)	Stabil	----
Massenanteil in der Erdhülle (ppm):	0,001	
Atommasse (u):	186,207	
Elektronegativität (Pauling ◆ Allred&Rochow ◆ Mulliken)	1,9 ◆ K. A. ◆ K. A.	
Normalpotential: $ReO_2 + 4H^+ + 4e^- \rightarrow Re + 2H_2O$ (V)	-0,276	
Atomradius (berechnet) (pm):	135 (188)	
Van der Waals-Radius (pm):	Keine Angabe	
Kovalenter Radius (pm):	159	
Ionenradius (Re^{6+}/ Re^{7+}, pm)	61 / 60	
Elektronenkonfiguration:	[Xe] $4f^{14} 5d^5 6s^2$	
Ionisierungsenergie (kJ / mol), erste ◆ zweite ◆ dritte ◆ vierte:	760 ◆ 1260 ◆ 2510◆ 3640	
Magnetische Volumensuszeptibilität:	$9,6 \cdot 10^{-5}$	
Magnetismus:	Paramagnetisch	
Kristallsystem:	Hexagonal	
Elektrische Leitfähigkeit([A / (V · m)], bei 300 K):	$5,56 \cdot 10^6$	
Elastizitäts- ◆ Kompressions- ◆ Schermodul (GPa):	463 ◆ 370 ◆ 178	
Vickers-Härte ◆ Brinell-Härte (MPa):	2450 ◆ 1320	
Mohs-Härte	7,0	
Schallgeschwindigkeit (longitudinal, m/s, bei 293,15 K):	4700	
Dichte (g / cm³, bei 293,15 K)	21,0	
Molares Volumen (m³ / mol, im festen Zustand):	$8,86 \cdot 10^{-6}$	
Wärmeleitfähigkeit [W / (m · K)]:	48	
Spezifische Wärme [J / (mol · K)]:	25,48	
Schmelzpunkt (°C ◆ K):	3186 ◆ 3459	
Schmelzwärme (kJ / mol)	33	
Siedepunkt (°C ◆ K):	5630 ◆ 5903	
Verdampfungswärme (kJ / mol):	707	

Geschichte

Erst 1925 wurde Rhenium von Noddack, Tacke und Berg entdeckt. Durch Aufarbeiten des Minerals Columbit konnten sie schließlich das Element in einer wässrigen, sehr geringe Konzentrationen an Rhenium enthaltenden Lösung isolieren und jenes röntgenspektroskopisch nachweisen (Tacke 1925). Gleichzeitig reklamierten Noddack und Tacke auch die Entdeckung des Technetiums für sich. Noddack und Tacke behaupteten auch, sehr geringe Mengen des Technetiums entdeckt zu haben, sie konnten das Element jedoch nicht darstellen. In Fortsetzung ihrer Arbeit isolierten Noddack und Tacke 1928 1 g Rhenium aus 660 kg Molybdänerz (Noddack und Noddack 1929),

Vorkommen

Rhenium ist eines der seltensten nicht-radioaktiven Elemente und ist in der Erdkruste nur mit einem Anteil von 0,7 ppb (!) vertreten. Elementar kommt es nicht vor, sondern nur chemisch gebunden in einigen wenigen Erzen. Es tritt oft als Begleiter des Molybdäns in dessen Erzen wie beispielsweise Molybdänglanz (Molybdän-IV-sulfid, MoS_2) auf, der bis zu 0,2 % Rhenium enthalten kann (Greenwood und Earnshaw 1988). Columbit (Fe,Mn)[NbO_3], Gadolinit $Y_2FeBe[O|SiO_4]_2$ und Alvit ($ZrSiO_4$) können gelegentlich ebenfalls nennenswerte Mengen an Rhenium aufweisen. Die wichtigsten Vorkommen, wenn man angesichts der Seltenheit des Elementes überhaupt davon sprechen kann, befinden sich in den USA, in Kanada, Polen, Chile und Usbekistan. Das einzige bislang aufgefundene reine Rheniummineral ist der Rheniit (Rhenium-IV-sulfid, ReS_2); gefunden wurde er im Fernen Osten Russlands auf einer Kurileninsel (Korzhinsky et al. 1994).

Gewinnung

Rhenium gewinnt man aus den sulfidischen Erzen des Molybdäns. Werden diese geröstet, sammelt sich das flüchtige Rhenium-VII-oxid in der Flugasche. Mit Ammoniakwasser kann man die Verbindung aus der Asche auswaschen, wobei eine wässrige Lösung von Ammoniumperrhenat (NH_4ReO_4) entsteht (I), das abgetrennt und dann bei hoher Temperatur mit Wasserstoff zu Rhenium reduziert wird (II):

$$(I) \quad Re_2O_7 + H_2O + 2\,NH_3 \rightarrow 2\,NH_4ReO_4$$

$$(II) \quad 2\,NH_4ReO_4 + 4\,H_2 \rightarrow 2\,Re + N_2 + 8\,H_2O$$

2015 betrug die Menge des weltweit produzierten Rheniums 46 t bei gleichzeitigen Reserven von 2500 t. Die wichtigsten Produzenten waren Chile (26 t), die USA (8,5 t) und Polen (7,8 t) (Polyak 2015).

Eigenschaften

Physikalische Eigenschaften: Rhenium ist ein sehr seltenes, silberweiß glänzendes Metall, das hexagonal-dichtest kristallisiert (Holleman et al. 2007, S. 214). Seine mit 21,03 g/cm^3 sehr hohe Dichte ist die vierthöchste aller Elemente und wird nur noch von der des Osmiums, Iridiums und Platins übertroffen.

Darüber hinaus hat Rhenium mit 3186 °C den dritthöchsten Schmelzpunkt aller Elemente (nach Wolfram und Kohlenstoff) und mit 5596 °C den höchsten Siedepunkt. Unterhalb einer Temperatur von $-271,45$ °C wird es supraleitend. Rhenium ist gut schmied- und verschweißbar und bleibt dies auch nach Rekristallisation (Gebhardt et al. 1972).

34 Isotope und weitere 20 Kernisomere des Rheniums sind bekannt, von denen nur die Isotope $^{185}_{75}$Re und $^{187}_{75}$Re natürlich vorkommen. Ersteres hat einen Anteil von 37,40 % an der natürlichen Isotopenverteilung und ist stabil, das andere und damit häufigere (Anteil: 62,6 %) ist schwach radioaktiv und erleidet β^-Zerfall mit einer Halbwertszeit von 4,12 • 10^{10} a zu $^{187}_{76}$Os. Daher rührt die spezifische Radioaktivität natürlich vorkommenden Rheniums mit 1020 Bq/g.

Von den künstlich erzeugten Isotopen setzt man $^{186}_{75}$Re und $^{188}_{75}$Re als Tracer ein, das vorwiegend unter Aussendung von β^-Strahlung zerfallende Isotop $^{186}_{75}$Re auch zur Therapie bei der Radiosynoviorthese (Farahati et al. 1997). Dafür verwendet man $^{188}_{75}$Re gerne als Radiopharmakon zur Bekämpfung von Tumoren.

Chemische Eigenschaften: Zwar weist Rhenium ein negatives Standardpotenzial für seine Reaktion zu Rhenium-IV-oxid auf, sollte also unedel sein und sich in einigen Mineralsäuren auflösen. Überraschenderweise verhält es sich aber bei Raumtemperatur nahezu inert und ist auch gegenüber Luftsauerstoff beständig. Erst wenn es auf Temperaturen von 400 °C erhitzt wird, reagiert es mit Sauerstoff, Schwefel, Fluor und Chlor. Es ist auch unlöslich Salz- oder Flusssäure, wohl aber in konzentrierter Schwefel- und Salpetersäure. Wird es mit Peroxiden verschmolzen, so entstehen farblose Perrhenate-VII (ReO_4^-) oder grüne Rhenate-VI (ReO_4^{2-}). In feinverteilter Form ist Rhenium an der Luft leicht entzündlich; an feuchter Luft oxidiert Rhenium sogar zu Perrheniumsäure ($HReO_4$).

Verbindungen

Ähnlich wie bei Mangan und Technetium kennt man Verbindungen in allen Oxidationsstufen von -3 bis $+7$, wobei, im Gegensatz zu Mangan, die höheren auch die stabileren sind.

Verbindungen mit Halogenen: Rhenium reagiert mit Halogenen bevorzugt zu Hexahalogeniden (ReX$_6$). Fluor und Chlor ergeben mit Rhenium direkt bei einer Temperatur um 120 °C blassgelbes *Rhenium-VI-fluorid (ReF$_6$)* (Brauer 1975, S. 271) bzw. bei 600 °C grünes Rhenium-VI-chlorid.

Hellgelbes *Rhenium-VII-fluorid (ReF$_7$)* liegt bei Raumtemperatur in pentagonal-bipyramidalen Kristallen (Vogt et al. 1994) der Dichte 4,3 g/cm^3 vor, die bei einer Temperatur von 48 °C schmelzen. Die Verbindung stellt man aus den Elementen bei 400 °C unter Druck her:

$$2\ Re + 7\ F_2 \rightarrow 2\ ReF_7$$

Die Darstellung vom bei Raumtemperatur flüssigen *Rhenium-VI-fluorid (ReF$_6$)*, das bei 18,5 °C erstarrt und bei 33,7 °C siedet, erfolgt entweder durch Reaktion von Rhenium-VII-fluorid mit Rheniummetall im Autoklaven bei Temperaturen um 300 °C (I, Drews et al. 2006) oder aus den Elementen (II, Brauer 1975, S. 271):

$$(I) \quad 6\ ReF_7 + Re \rightarrow 7\ ReF_6$$

$$(II) \quad Re + 3\ F_2 \rightarrow ReF_6$$

Die Verbindung kristallisiert orthorhombisch; in den Moleküleinheiten ist ein Rhenium- oktaedrisch von sechs Fluoratomen umgeben.

Rhenium-V-chlorid (ReCl$_5$) ist ein hydrolyseempfindliches, paramagnetisches, schwarzbraunes Kristallisat monokliner Struktur, das bei einer Temperatur von 261 °C schmilzt. Man stellt es aus den Elementen oder alternativ aus Rhenium-VII-oxid und Tetrachlorkohlenstoff her (Brauer 1981, S. 1608). Im Kristallgitter selbst liegen Re$_2$Cl$_{10}$-Einheiten vor. In Wasser ist es nur unter Disproportionie-rung bzw. Hydrolyse zu einem Gemisch aus Perrheniumsäure, Rhenium-IV-oxid, Chlororhenat-IV-Anionen und Chlorwasserstoff löslich. Unzersetzt dagegen löst es sich in Cyclohexan. Es dient als Zwischenprodukt für Synthesen von Organorheni-umverbindungen.

Rhenium-IV-chlorid (ReCl$_4$) existiert in drei verschiedenen Modifikationen. Die β-Form erzeugt man durch Umsetzung von *Rhenium-V-chlorid (ReCl$_5$)* mit *Antimon-III-chlorid (SbCl$_3$)* bzw. Rhenium-III-chlorid bei einer Temperatur von 300 °C (I, Brauer 1981, S. 1610), die γ-Form entsteht dagegen aus Rhenium-V-chlorid und Tetrachlorethen bei Temperaturen um 120 °C (II):

$$(I) \quad 2\ ReCl_5 + SbCl_3 \rightarrow 2\ ReCl_4 + SbCl_5$$

(II) $2\,ReCl_5 + C_2Cl_4 \rightarrow 2\,ReCl_4 + C_2Cl_6$

β-Rhenium-IV-chlorid ist ein schwarzes, in monokliner Struktur kristallisierendes Pulver, das in Wasser oder auch schon an feuchter Luft Hydrolyse erleidet. Es löst sich in Alkanolen, Aceton und auch Dimethylsulfoxid unter langsamer Zersetzung und ist ansonsten unlöslich in Acetonitril, Tetrahydrofuran, Benzol und Tetrachlorkohlenstoff. Beim Erhitzen unter Inertgasatmosphäre disproportioniert es zu Rhenium-III- und Rhenium-V-chlorid (Riedel und Janiak 2011, S. 836).

Dagegen stellt γ-Rhenium-IV-chlorid ein braunes Pulver monokliner Kristallstruktur dar, das ebenfalls nur an trockener Luft beständig ist. Auch ist es unlöslich in Benzol und Tetrachlorkohlenstoff, in Aceton löst es sich aber unzersetzt mit grüner Farbe.

In wasserfreien Lösungsmitteln ist Rhenium-IV-oxid mit Thionylchlorid zur α-Modifikation umsetzbar, die aber immer nur in unreinem Zustand anfällt.

Rhenium-III-chlorid (ReCl3) ist ein violetter, trigonal kristallisierender, paramagnetischer Feststoff, der bei einer Temperatur von 500 °C schmilzt (Biltz et al. 1932). Man gewinnt die Substanz durch thermische Zersetzung von Rhenium-V-chlorid (Brauer 1981, S. 1612):

$$ReCl_5 \rightarrow ReCl_3 + Cl_2$$

Die Reaktion von Rhenium-V-chlorid mit Zinn-II-chlorid stellt eine elegante Alternative dar, da das mit entstehende Zinn-IV-chlorid leicht abdestilliert werden kann. Ist die Verbindung an feuchter Luft noch einigermaßen beständig, so hydrolysiert es in Wasser und vor allem in Basen. In dipolar-aprotischen Lösungsmitteln sowie Salz- und Essigsäure ist es hingegen unzersetzt löslich. Sauerstoff oxidiert es bei hohen Temperaturen zu Oxidchloriden.

Rhenium-IV-bromid (ReBr4) ist ein schwarzer, ziemlich instabiler Feststoff, der durch Umsetzung von Rhenium-V-chlorid mit Bor-III-bromid, nicht aber direkt aus den Elementen (!) zugänglich ist (Brauer 1981, S. 1612):

$$6\,ReCl_5 + 10\,BBr_3 \rightarrow 6\,ReBr_4 + 3\,Br_2 + 10\,BCl_3 \uparrow$$

Das schwarze, bei 500 °C schmelzende *Rhenium-III-bromid (ReBr3)* ist zweckmäßig aus den Elementen bei Temperaturen um 600 °C herstellbar (Brauer 1981, S. 1612). Es ist relativ beständig beim Stehenlassen an der Luft. In Aceton ist es beispielsweise unzersetzt löslich, dagegen wird es durch Wasser und auch Ammoniak schnell solvolysiert.

Das schwarze *Rhenium-IV-iodid (ReI₄)* ist hygroskopisch und sehr hydrolyseempfindlich, das, namentlich bei Unterdruck, schon bei Raumtemperatur Iod
abspaltet, um in Rhenium-III-iodid überzugehen. Man erzeugt es durch Umsetzung einer wässrigen Lösung von Perrheniumsäure (erhältlich durch Auflösen von
Rhenium-VII-oxid in Wasser) mit Iodwasserstoffsäure:

$$Re_2O_7 + 14\ HI \rightarrow 2\ ReI_4 + 3\ I_2 + 7\ H_2O$$

Rhenium-III-iodid (ReI₃) gewinnt man am besten ebenfalls durch eine Redoxre-
aktion, diesmal zwischen Perrheniumsäure, Ethanol und Iodwasserstoff (I), oder
aber aus Rhenium-III-chlorid und Bor-III-iodid bei etwa 300 °C (II, Brauer 1981,
S. 1615):

$$(I)\quad HReO_4 + 3\ HI + 2\ C_2H_5OH \rightarrow ReI_3 + 4\ H_2O + 2\ CH_3C(O)H$$

$$(II)\quad ReCl_3 + BI_3 \rightarrow ReI_3 + BCl_3 \uparrow$$

Die erst bei einer Temperatur von 800 °C unter Zersetzung in die Elemente
schmelzende, schwarze, monoklin in Nadelform kristallisierende Verbindung ist
kaum löslich in Wasser, verdünnten Säuren, Alkoholen, Kohlenwasserstoffen und
Tetrachlorkohlenstoff (Latscha und Mutz 2011, S. 239).

   Verbindungen mit Chalkogenen: Rhenium-VII-oxid (Re₂O₇) ist das stabilste Oxid
des Rheniums, das nicht nur ein Zwischenprodukt bei der Produktion von Rhenium
ist, sondern auch Ausgangsmaterial für die Synthese organischer Verbindungen des
Elements (Herrmann et al. 2007). Das Rösten rheniumhaltiger Manganerze liefert
unter anderem das flüchtige Rhenium-VII-oxid (Schmelzpunkt 220 °C, Siedepunkt
363 °C), das aus dem Flugstaub ausgewaschen wird. Aus der so entstehenden
wässrigen Lösung der im Gegensatz zur „Permangansäure" stabilen, relativ starken Perrheniumsäure fällt man Rhenium durch Zugabe von Ammoniumsalzen in
Form von Ammoniumperrhenat aus und reduziert dieses mit Wasserstoff bei hoher
Temperatur zum Element. Die Verbindung hat, trotz eines beträchtlichen Sauer-
stoffanteiles, die hohe Dichte von 6 g/cm³ und kristallisiert orthorhombisch (Krebs
et al. 1969).

   Rhenium-VII-oxid ist sehr hygroskopisch, naturgemäß sehr gut löslich in Wasser und wird durch Wasserstoff bei Temperaturen um 300 °C zu *Rhenium-IV-oxid*
(ReO₂) reduziert (Brauer 1981, S. 1616). Sie dient als Katalysator bei der Oxidation von Alkanen zu Carbonsäuren (Kirilova et al. 2007) und bei der Metathese von
Olefinen (Onaka und Oikawa 2002).

Rhenium-VI-oxid (ReO₃) ist durch Reduktion von Rhenium-VII-oxid mit Kohlenmonoxid (bei 200 °C, I) oder Rhenium (bei 400 °C, II) darstellbar (Brauer 1981, S. 1616):

$$(I) \quad Re_2O_7 + CO \rightarrow 2\,ReO_3 + CO_2$$

$$(II) \quad 3\,Re_2O_7 + Re \rightarrow 7\,ReO_3$$

Der rotviolette Feststoff schmilzt bei einer Temperatur von 400 °C, besitzt eine Dichte von 7 g/cm³ und kristallisiert in einer Struktur ähnlich zu der des Perowskits, in der aber das Zentralatom fehlt, wodurch eine kubisch-primitive Struktur resultiert (Chang und Trucano 1978). Der spezifische elektrische Widerstand der Verbindung ist sehr gering, ähnlich zu der von Metallen. Rhenium-VI-oxid löst sich nennenswert nur in heißen Laugen, in denen es dann zu Rhenium-IV-oxid und Perrhenat disproportioniert. Auch das Erhitzen der Verbindung im Vakuum ergibt bei Temperaturen von oberhalb 300 °C Rhenium-IV- und -VII-oxid (Brauer 1981, S. 1616).

Rhenium-IV-oxid (ReO₂) erhält man beim Erhitzen eines Gemisches von Rhenium und Rhenium(VI)-oxid (I) oder von Ammoniumperrhenat im trockenen Inertgasstrom (II):

$$(I) \quad Re + 2\,ReO_3 \rightarrow 3\,ReO_2$$

$$(II) \quad 2\,NH_4ReO_4 \rightarrow 2\,ReO_2 + N_2 + 4\,H_2O$$

Ebenso ist es durch Reduktion von Perrhenat-Lösungen erhältlich; es fällt aus diesen als dunkler Feststoff aus (Riedel 2004, S. 811).

Rhenium-IV-oxid weist die hohe Dichte von 11,4 g/cm³ auf und schmilzt bei einer Temperatur von 1000 °C. Unterhalb 300 °C ist die monokline α-Form die stabilste und auch beständige, oberhalb von 300 °C erfolgt irreversibler Übergang in die orthorhombische β-Modifikation. Beide besitzen metallische Leitfähigkeit und sind unlöslich in Wasser und Basen, dagegen löslich in Salzsäure. Eine Mischung aus Wasserstoffperoxid und Salpetersäure bewirkt Oxidation der Verbindung zu Perrheniumsäure. Bei erhöhter Temperatur setzt sich *Rhenium-IV-oxid* mit Sauerstoff zu Rhenium-VII-oxid um.

Rhenium-VII-sulfid (Re₂S₇) gewinnt man durch Einleiten von Schwefelwasserstoff in eine Perrhenat-Lösung – ohne dass hierbei H₂S oxidiert würde! (Riedel 2004, S. 811)

$$2 \, KReO_4 + 7 \, H_2S + 2 \, HCl \rightarrow Re_2S_7 + 2 \, KCl + 8 \, H_2O$$

Die braunschwarze bis schwarze, tetragonal kristallisierende (D'Ans et al. 1998, S. 696) Verbindung ist bei Abwesenheit von Luftsauerstoff in Salzsäure, Schwefelsäure und Alkalisulfiden unlöslich (!). Oxidationsmittel wie Salpetersäure oder Bromwasser oxidieren es zu Perrhenat (ReO_4^-). Durch Wasserstoff wird es bei erhöhter Temperatur in Rhenium überführt (Brauer 1981, S. 1617). Diese Reduktionsreaktion wendet man auch zur Herstellung metallischen Rheniums an, da Re_2S_7 Nebenprodukt des Röstens sulfidischer Kupfererze ist (Briehl 2007, S. 91).

Rhenium-IV-sulfid (ReS₂) wird aus den Elementen bei einer Temperatur von etwa 1000 °C (I) oder alternativ durch Thermolyse von Rhenium-VII-sulfid bei ca. 1100 °C (II) hergestellt (Brauer 1981, S. 1619):

$$(I) \quad Re + 2 \, S \rightarrow ReS_2$$

$$(II) \quad Re_2S_7 \rightarrow 2 \, ReS_2 + 3 \, S$$

Rhenium-IV-sulfid ist ein schwarzer, geruchloser, triklin kristallisierender und wasserunlöslicher Halbleiter der Dichte 7,5 g/cm^3. Es ist stabil gegenüber Salzsäure, Laugen und Alkalisulfid; nur starke Oxidationsmittel greifen es an und oxidieren es zu Perrhenat. Die Verbindung zersetzt sich bei Temperaturen oberhalb von 700 °C im Vakuum in Rhenium und Schwefel; die Reduktion mit Wasserstoff führt ebenfalls zu metallischem Rhenium.

Die Verwendung von *Rheniumcarbid* in keramischen Heizelementen ist patentiert (Tatematsu et al. 1989).

Dirheniumdecacarbonyl [Re₂(CO)₁₀] stellt man durch Überleiten von Kohlenmonoxid über Rhenium-VII-oxid (Hieber und Fuchs 1941, I) oder Kaliumperrhenat (Churchill et al. 1981) unter Druck her:

$$(I) \quad Re_2O_7 + 17 \, CO \rightarrow Re_2(CO)_{10} + 7 \, CO_2$$

Dieses Metallcarbonyl bildet farblose Kristallblättchen, die bei einer Temperatur von 170 °C unter Zersetzung schmelzen und stabil gegenüber Luftsauerstoff sind. Die Verbindung ist in Wasser nicht löslich, jedoch gut löslich in Chloraliphaten und Tetrahydrofuran. Die Länge der Bindung zwischen den beiden Rheniumatomen beträgt 304 pm (Byers und Brown 1977).

Die Umsetzung mit Halogenen (X_2) liefert Carbonylhalogenide [ReX(CO)₅], diejenige mit starken Basen Hydrocarbonylkomplexe [ReH(CO)₅] (Brauer 1981,

S. 1826). Durch Reaktion beispielsweise mit dem homologen *Dimangandekacarbonyl* ist auch das Mischcarbonyl MnRe(CO)$_{10}$ zugänglich.

Anwendungen

Meist setzt man Rhenium in Form seiner Legierungen ein. Etwa zwei Drittel der gesamten Produktionsmenge gehen in nickelhaltige Legierungen, die besonders widerstandsfähig gegenüber Ermüdungsbruch sind. Derartige Eigenschaften benötigt man für Turbinenschaufeln für Flugzeuge (Heckl 2011).

Da Rhenium weniger anfällig für Vergiftung durch Ablagerungen von Kohlenstoff als Platin ist, finden Katalysatoren auf Grundlage von Rhenium etwa bei der Produktion von klopffestem Benzin Verwendung, weshalb diese Reaktion unter relativ milden und somit energiesparenden Bedingungen gefahren werden kann. Auch zur Synthese aromatischer Kohlenwasserstoff dienen Platin-Rhenium-Katalysatoren; und aus den gleichen Bestandteilen werden auch Thermoelemente zur Messung im Hochtemperaturbereich gefertigt (Breuer 2000).

Analytik

Rhenium ist spektroskopisch nachweisbar, da das Element die Flamme des Brenners fahlgrün färbt [Spektrallinien bei 346 und 488,9 nm (Hurd 1936)]. Über schwer wasserlösliche Perrhenate ist es gravimetrisch zu bestimmen (Lexikon der Chemie 1998).

Physiologie und Toxizität

Von Rhenium kennt man zurzeit weder biologische Funktionen noch toxische Wirkungen.

5.4   Bohrium

Symbol:	Bh		
Ordnungszahl:	107		
CAS-Nr.:	54037-14-8		
Aussehen:	----		
Entdecker, Jahr	Oganessian et al. (Sowjetunion), 1976 Armbruster, Münzenberg et al. (Deutschland), 1981		
Wichtige Isotope [natürliches Vorkommen (%)]	Halbwertszeit	Zerfallsart, -produkt	
$^{267}_{107}$Bh (synthetisch)	17 s	$\alpha > \,^{263}_{105}$Db	
$^{270}_{107}$Bh (synthetisch)	61 s	$\alpha > \,^{266}_{105}$Db	
$^{274}_{107}$Bh (synthetisch)	54 s	$\alpha > \,^{270}_{105}$Db	
Massenanteil in der Erdhülle (ppm):	-----		
Atommasse (u):	(270)		
Elektronegativität (Pauling ♦ Allred&Rochow ♦ Mulliken)	Keine Angabe.		
Atomradius (berechnet) (pm):	128 *		
Van der Waals-Radius (pm):	Keine Angabe		
Kovalenter Radius (pm):	Keine Angabe		
Elektronenkonfiguration:	[Rn] $5f^{14}\,6d^5\,7s^2$		
Ionisierungsenergie (kJ / mol), erste ♦ zweite ♦ dritte:	743 ♦ 1689 ♦ 2567 *		
Magnetische Volumensuszeptibilität:	Keine Angabe		
Magnetismus:	Keine Angabe		
Kristallsystem:	Hexagonal-dichtest *		
Elektrische Leitfähigkeit([A / (V · m)], bei 300 K):	Keine Angabe		
Dichte (g / cm³, bei 293,15 K)	37,1 *		
Molares Volumen (m³ / mol, im festen Zustand):	$7,28 \cdot 10^{-6}$		
Wärmeleitfähigkeit [W / (m · K)]:	Keine Angabe		
Spezifische Wärme [J / (mol · K)]:	Keine Angabe		
Schmelzpunkt (°C ♦ K):	Keine Angabe		
Schmelzwärme (kJ / mol)	Keine Angabe		
Siedepunkt (°C ♦ K):	Keine Angabe		
Verdampfungswärme (kJ / mol):	Keine Angabe		

Geschichte

Die Entdeckung des Elementes wurde zuerst von der Arbeitsgruppe in Dubna (Russland) beansprucht (Oganessian et al. 1976). Fünf Jahre später beschoss ein Team der deutschen Gesellschaft für Schwerionenforschung $^{209}_{83}$Bi-Kerne mit Kernen des

Chroms ($^{54}_{24}$Cr), um fünf Atome des Isotops $^{262}_{107}$Bh zu erhalten (Armbruster et al. 1981; Münzenberg et al. 1989). Die Entdeckung der deutschen Forschungsgruppe wurde 1992 auch von der IUPAC anerkannt (Wilkinson et al. 1993), ebenso ihr Vorschlag, das neu entdeckte Element nach dem dänischen Physiker Niels Bohr zu benennen (Ghiorso et al. 1993):

$$^{209}_{83}\text{Bi} + ^{54}_{24}\text{Cr} \rightarrow ^{262}_{107}\text{Bh} + ^{1}_{0}\text{n}$$

International wurde der Name dann nach einigen kontrovers geführten Diskussionen und schließlich erfolgter Abstimmung durch die dänische IUPAC-Gruppe als Bohrium festgelegt (IUPAC 1994).

Eigenschaften

Physikalische Eigenschaften: Das Element kommt nicht in der Natur vor; alle seine Isotope sind radioaktiv und müssen künstlich erzeugt werden. Bisher kennt man Isotope des Bohriums mit Massenzahlen zwischen 260 und 272 sowie 274, die von verschiedenen Arbeitsgruppen weltweit erzeugt und auch nachgewiesen wurden (Nelson et al. 2008; Gan et al. 2004; Wilk et al. 2000). Die längstlebigen sind wahrscheinlich $^{270}_{107}$Bh bzw. $^{274}_{107}$Bh mit Halbwertszeiten von 61 bzw. 54 s. Die anderen Isotope weisen Halbwertszeiten im Bereich von 25 s bis hinab zu wenigen ms auf. Der mit Abstand vorherrschende Zerfallsweg ist der α-Zerfall. Für die noch unbekannten Isotope $^{273}_{107}$Bh bzw. $^{275}_{107}$Bh sagt man wesentlich längere Halbwertszeiten (zwischen 40 und 90 min) voraus, jedoch auch die Möglichkeit der spontanen Kernspaltung.

Die leichten Isotope wurden durch kalte Fusion erzeugt, die schweren durch Beschuss von Isotopen der Actinoide. Die schweren Isotope des Bohriums erscheinen auch in den Zerfallswegen von Ununtrium, Ununpentium und Ununseptium.

Bohrium sollte wie Rhenium in einer hexagonal-dichtesten Packung kristallisieren (Östlin und Vitos 2011). Auf Basis von Dirac–Fock-Berechnungen wurden Vorhersagen auf Ionisierungspotenziale und Ionenradien getroffen (Johnson et al. 2002).

Chemische Eigenschaften: Bohrium ist das schwerste Element der Mangangruppe. Verbindungen, in denen Bohrium die Oxidationszahl +7 einnimmt, werden als stabil vorhergesagt, ebenso aber, dass es in Analogie zu Rhenium und Technetium auch solche Verbindungen bildet, in denen es mit der Oxidationszahl +3 oder +4 erscheint (Gäggeler et al. 2000; Malmbeck et al. 2000).

Bohrium sollte ebenso wie seine niedrigeren Homologen ein flüchtiges Heptoxid (Bh_2O_7) bilden, das sich mit Wasser zur Perbohrsäure ($HBhO_4$) umsetzt. Die Existenz von Oxidhalogeniden (zum Beispiel BhO_3Cl) wird ebenfalls erwartet.

Was Sie aus diesem *essential* mitnehmen können

Sie erhalten einen ausführlichen Überblick über die Elemente der siebten Nebengruppe (Mangan, Technetium, Rhenium und Bohrium) mit Angaben zu ihrer Geschichte und Gewinnungsverfahren, außerdem ihren Eigenschaften, Verbindungen und Anwendungen.

H. Sicius, *Mangangruppe: Elemente der siebten Nebengruppe*, essentials,
https://doi.org/10.1007/978-3-662-66698-2

43

Literatur

Aglarech, *Abbildungen „Technetium-Cluster"* (2005)

R.G. Alscher, Role of superoxide dismutases (SODs) in controlling oxidative stress in plants. J. Exp. Bot. **53**, 1331–1341 (2002)

P. Armbruster et al., Identification of element 107 by α correlation chains. Z. Phys. A **300** (1), 107–108 (1981)

H. Aschoff, Ann. Phys. Chem. **2** (111), 217–224 (1860)

M.F. Bailey, L.F. Dahl, The crystal structure of ditechnetium decacarbonyl. Inorg. Chem. **4** (8), 1140–1145 (1965)

M.F. Bellin, MR contrast agents, the old and the new. Eur. J. Radiol. **60** (3), 314–323 (2006)

Benjah-bmm, *Foto „Mangan-IV-oxid"* (2007)

W. Biltz et al., Rheniumtrichlorid in *Nachrichten von der Gesellschaft der Wissenschaften zu Göttingen* (1932), S. 579–587

J. Binenboym, H. Selig, J. Inorg. Nucl Chem. Suppl. **1976**, 231–232 (1976)

G. Brauer, *Handbuch der präparativen anorganischen Chemie*, Bd. III, 3. Aufl. (Enke, Stuttgart, 1981). ISBN 3-432-87823-0

H. Breuer, *Allgemeine und anorganische Chemie, dtv-Atlas Chemie*, Bd. 1, 9. Aufl. (dtv, München, 2000). ISBN 3-423-03217-0

H. Briehl, *Chemie der Werkstoffe* (Springer, Heidelberg, 2007), S. 91. ISBN 383510223-0

B.H. Byers, T.L. Brown, The characteristics of M(CO)₅ and related metal carbonyl radicals; abstraction and dissociative and oxidative addition processes. J. Am. Chem. Soc. **99**, 2527–2532 (1977)

I. Cepanec, *Synthesis Of Biaryls* (Elsevier, Amsterdam, 2004), S. 104. ISBN 0080444121

E. Chalmin et al., Analysis of rock art painting and technology of palaeolithic painters. Measur. Sci. Techn. **14**, 1590–1597 (2003)

E. Chalmin et al., Minerals discovered in paleolithic black pigments by transmission electron microscopy and micro-X-ray absorption near-edge structure. Appl. Phys. A **83**, 213–218 (2006)

T.-S. Chang, P. Trucano, Lattice parameter and thermal expansion of ReO₃ between 291 and 464 K. J. Appl. Cryst. **11**, 286–288 (1978)

M.R. Churchill et al., Redetermination of the crystal structure of dimanganese decacarbonyl and determination of the crystal structure of dirhenium decacarbonyl. Inorg. Chem. **20**, 1609–1611 (1981)

© Der/die Herausgeber bzw. der/die Autor(en), exklusiv lizenziert an Springer-Verlag GmbH, DE, ein Teil von Springer Nature 2022
H. Sicius, *Mangangruppe: Elemente der siebten Nebengruppe*, essentials,
https://doi.org/10.1007/978-3-662-66698-2

H.H. Claassen et al., Vibrational spectra of MoF_6 and TcF_6. J. Chem. Phys. **36** (11), 2888–2890 (1962)

H.H. Claassen et al., Raman spectra of MoF_6, TcF_6, ReF_6, UF_6, SF_6, SeF_6, and TeF_6 in the vapor state. J. Chem. Phys. **53** (1), 341–348 (1970)

L.A. Corathers, *Manganese, United States Geological Survey, Mineral Commodity Summaries* (U. S. Department of the Interior, Washington, 2015)

L.A. Corathers, J.F. Machamer, Manganese, in *Industrial Minerals & Rocks: Commodities, Markets, and Uses*, 7. Aufl., von Society for Mining, Metallurgy, and Exploration (U.S.) (SME, Littleton, 2006), S. 631–636. ISBN 978-0-87335-233-8

D. Curtis, Nature's uncommon elements: Plutonium and technetium. Geochim. Cosmochim. Acta **63** (2), 275–285 (1999)

J.d'. Ans et al., *Taschenbuch für Chemiker und Physiker* (Springer, Heidelberg, 1998), S. 696. ISBN 364258842-5

F.A.A. de Jonge, E.K.J. Pauwels, Technetium, the missing element. Eur. J. Nucl. Med. **23** (3), 336–344 (1996)

J.R. Dilworth, S.J. Parrott, The biochemical chemistry of technetium and rhenium. Chem. Soc. Rev. **27**, 43–55 (1998)

P. Dixon et al., Analysis of naturally produced technetium and plutonium in geologic materials. Anal. Chem. **69** (9), 1692–1699 (1997)

T. Drews et al., Solid state molecular structures of transition metal hexafluorides. Inorg. Chem. **45** (9), 3782–3788 (2006)

A.J. Edwards et al., New fluorine compounds of technetium. Nature **200**, 672 (1963)

C. Ekmekcioglu, W. Marktl, *Essentielle Spurenelemente: Klinik und Ernährungsmedizin* (Springer, Heidelberg, 2006), S. 148. ISBN 978-3-211-20859-5

J. Emsley, *Nature's Building Blocks: An A–Z Guide to the Elements* (Oxford University Press, New York, 2001), S. 422–425. ISBN 0-19-850340-7

J. Farahati et al., *Leitlinie für die Radiosynorviothese* (Deutsche Gesellschaft für Nuklearmedizin, Göttingen, 1997)

G.P. Felcher, R. Kleb, Antiferromagnetic domains and the spin-flop transition of MnF_2. Europhys. Lett. **36**, 455 (1996)

B. Frlec et al., Hydrazinium(+2) hexafluorometalates(IV) and -(V) in the 4d and 5d transition series. Inorg. Chem. **6** (10), 1775–1783 (1967)

H. Funk, H. Kreis, Zur Kenntnis des dreiwertigen Mangans: Verbindungen des Mangan(III)-chlorids mit Aminen und einigen Äthern. Z. Anorg. Allg. Chem. **349**, 45–49 (1967)

H.W. Gäggeler et al., Chemical characterization of bohrium (element 107). Nature **407** (6800), 63–65 (2000)

Z.G. Gan et al., New isotope ^{265}Bh. Eur. Phys. J. A **20** (3), 385 (2004)

E. Gebhardt et al., Hochschmelzende Metalle und ihre Legierungen. Materialwiss. Werkstofftech. **3** (4), 197–203 (1972)

S. Geller, Structure of α-Mn_2O_3, $(Mn_{0.983}Fe_{0.017})_2O_3$ and $(Mn_{0.37}Fe_{0.63})_2O_3$ and relation to magnetic ordering. Acta Crystallogr. B: Struct. Crystallogr Cryst. Chem. **27**, 821–828 (1971)

A. Ghiorso, Yu.Ts. Organessian, P. Armbruster et al., Responses on ‚Discovery of the transfermium elements' by Lawrence Berkeley laboratory, California; Joint institute for

nuclear research, Dubna; and Gesellschaft fur Schwerionenforschung, Darmstadt follo-
wed by reply to responses by the Transfermium working group. Pure Appl. Chem. **65**
(8), 1815–1824 (1993)

G. Gigacher et al., Metallographische Besonderheiten bei hochmanganlegierten Stählen.
Berg- Huettenmaenn. Monatsh. **3**, 112–117 (2004)

N.N. Greenwood, A. Earnshaw, *Chemie der Elemente*, 1. Aufl. (VCH, Weinheim, 1988).
ISBN 3-527-26169-9

J.D. Harrison, A. Phipps, Gut transfer and doses from environmental technetium. J. Radiol.
Prot. **21**, 9–11 (2001)

A. Hartwig, Mangan in *Römpp Online* (Georg Thieme, Stuttgart, zuletzt bearbeitet März
2006)

A.K. Heckl, Auswirkungen von Rhenium und Ruthenium auf die Mikrostruktur und
Hochtemperaturfestigkeit von Nickel-Basis Superlegierungen unter Berücksichtigung
der Phasenstabilität Dissertation, Universität Erlangen, 2011

M.A. Hepworth et al., Interatomic bonding in manganese trifluoride. Nature **179**, 211–212
(1957)

M.A. Hepworth, K.H. Jack, The crystal structure of manganese trifluoride, MnF3. Acta
Crystallogr. **10**, 345–351 (1957)

A.Y. Herrell et al., Technetium(VII) oxide. Inorg. Synth. **12**, 155–158 (1977)

W. Herrmann et al., Kostengünstige, effiziente und umweltfreundliche Synthese des vielsei-
tigen Katalysators Methyltrioxorhenium (MTO). Angew. Chem. **119**, 7440–7442 (2007)

W. Hieber, H. Fuchs, Über Metallcarbonyle. XXXVIII. Über Rheniumpentacarbonyl. Z.
Anorg. Allg. Chem. **248**, 256–268 (1941)

J.C. Hileman et al., Technetium carbonyl. J. Am. Chem. Soc. **83** (13), 2953–2954 (1961)

A.F. Holleman, E. Wiberg, N. Wiberg, *Lehrbuch der Anorganischen Chemie*, 101. Aufl. (De
Gruyter, Berlin, 1995). ISBN 3-11-012641-9

A.F. Holleman, E. Wiberg, N. Wiberg, *Lehrbuch der Anorganischen Chemie*, 102. Aufl. (De
Gruyter, Berlin, 2007). ISBN 978-3-11-017770-1

R. Hoppe et al., Mangan-IV-fluorid, MnF4. Die Naturwissenschaften **48**, 429–429 (1961)

C.E. Housecroft, *Inorganic Chemistry* (Pearson Education, New York, 2005), S. 669. ISBN
013039913-2

D. Hugill, R.D. Peacock, Some quinquevalent fluorotechnetates. J. Chem. Soc. A **1966**,
1339–1341 (1966)

L.C. Hurd, Qualitative reactions of rhenium. Ind. Eng. Chem., Anal. Ed. **8**, 11–15 (1936)

IUPAC, Names and symbols of transfermium elements (IUPAC recommendations 1994).
Pure Appl. Chem. **66** (12), 2419 (1994)

IUPAC, Names and symbols of transfermium elements (IUPAC recommendations 1997).
Pure Appl. Chem. **69** (12), 2471 (1997)

E. Johnson et al., Ionization potentials and radii of neutral and ionized species of elements
107 (bohrium) and 108 (hassium) from extended multiconfiguration Dirac–Fock calcula-
tions, J. Chem. Phys. **116**, 1862 (2002)

J.S. Kasper, B.W. Roberts et al., Antiferromagnetic structure of α-manganese and a magnetic
structure study of β-manganese. Phys. Rev. **101**, 537–544 (1956)

B.T. Kenna, The search for technetium in nature. J. Chem. Educ. **39** (2), 436–442 (1962)

S. Kern, Le Nouveau Métal „Le Davyum". La Nature **234**, 401–402 (1877)

S.H. Kim et al., Ferrimagnetism in γ-manganese sesquioxide (γ − Mn_2O_3) nanoparticles. J. Korean Phys. Soc. **46** (4), 941–944 (2005)

M. Kirillova et al., Group 5–7 transition metal oxides as efficient catalysts for oxidative functionalization of alkanes under mild conditions. J. Catal. **248**, 130–136 (2007)

M.A. Korzhinsky et al., Discovery of a pure rhenium mineral at Kudriavy volcano. Nature **369**, 51–53 (1994)

B. Krebs, Technetium(VII)-oxid: Ein Übergangsmetalloxid mit Molekülstruktur im festen Zustand. Angew. Chem. **81** (9), 328–329 (1969)

B. Krebs et al., The crystal structure of rhenium(VII) oxide. Inorg. Chem. **8** (3), 436–443 (1969)

S.V. Kryutchkov, Chemistry of technetium cluster compounds. Top. Curr. Chem. **176**, 191–249 (1996)

H.-P. Latscha, M. Mutz, *Chemie der Elemente* (Springer, Heidelberg, 2011), S. 239. ISBN 3642169155

R. Lavinsky, *Foto „Rodochrosit und Manganit"* (vor März 2010)

N.A. Law et al., Manganese redox enzymes and model systems: Properties, structures, and reactivity. Adv. Inorg. Chem. **46**, 305–440 (1998)

Lexikon der Chemie, *Rhenium* (Spektrum Akademischer Verlag, Heidelberg, 1998)

D.R. Lide, Section 14, Geophysics, Astronomy, and Acoustics; Abundance of Elements in the Earth's Crust and in the Sea, in *CRC Handbook of Chemistry and Physics*, 85. Aufl. (CRC Press, Boca Raton, 2005)

J.E. Macintyre, *Dictionary of Inorganic Compounds* (CRC Press, Boca Raton, 1992), S. 2923. ISBN 978041230120-9

M.T. Madigan, J.M. Martinko, *Brock Mikrobiologie*, 11. Aufl. (Pearson Studium, Hallbergmoos, 2009), S. 644. ISBN 978-3-8273-7358-8

R. Malmbeck, et al., Procedure proposed for studies of bohrium. J. Radioanal. Nucl. Chem. **246** (2), 349 (2000)

O. Mangl, *Foto „Kaliumpermanganat"* (2007)

J. Mattauch, Zur Systematik der Isotopen. Z. Angew. Phys. **91** (5–6), 361–371 (1934)

W.P. McCray, Glassmaking in renaissance Italy: The innovation of venetian cristallo. JOM **50**, 14–19 (1998)

W.H. McCarroll, in *Encyclopedia of Inorganic Chemistry*, ed. by R.B. King. Oxides- Solid State Chemistry (Wiley, New York, 1994). ISBN 0-471-93620-0

C.E. Moore, Technetium in the Sun. Science **114** (2951), 59–61 (1951)

J.E. Moore et al., Structure of manganese(II) iodide tetrahydrate, MnI2.4H2O. Acta Crystallogr. C **41**, 1284–1286 (1985)

G. Münzenberg et al., Element 107, Z. Phys. A **333** (2), 163 (1989)

S. Nelson et al., Lightest Isotope of Bh Produced via the Bi209(Cr52,n)Bh260 Reaction, Phys. Rev. Lett. **100** (2) (2008)

I. Noddack, W. Noddack, Die Herstellung von einem Gramm Rhenium. Z. Anorg. Allg. Chem. **183** (1), 353–375 (1929)

J.A. Oberteuffer, J.A. Ibers, A refinement of the atomic and thermal parameters of α-manganese from a single crystal. Acta Crystallogr. **B26**, 1499–1504 (1970)

Yu.Ts. Oganessian et al., On spontaneous fission of neutron-deficient isotopes of elements 103, 105 and 107. Nucl. Phys. A **273** (2), 505–522 (1976)

M. Onaka, T. Oikawa, Olefin Metathesis over mesoporous alumina-supported rhenium oxide catalyst. Chem. Lett. **2002,** 850–851 (2002)

D.W. Osborne et al., Heat capacity, entropy, and Gibbs energy of technetium hexafluoride between 2.23 and 350 K; Magnetic anomaly at 3.12 K; mean β energy of ^{99}Tc. J. Chem. Phys. **68** (3), 1108–1118 (1978)

A. Östlin, L. Vitos, First-principles calculation of the structural stability of 6d transition metals. Physical Review B **84** (11), 239905 (2011)

S.V. Ovsyannikov et al., A path to new manganites with perovskite structure, Perovskite-like Mn2O3: A path to new manganites. Angew. Chem. Int. Ed. **52,** 1494–1498 (2013)

S. Paul, W. Merrill, Spectroscopic observations of stars of class S. Astrophys. J. **116,** 21–26 (1952)

C. Perrier, E. Segrè, Technetium: The element of atomic number 43. Nature **159,** 24 (1947)

F. Poineau et al., Synthesis and structure of technetium trichloride. J. Am. Chem. Soc. **132** (45), 15864–15865 (2010)

D. Polyak, *Rhenium, Mineral Commodity Summaries, United States Geological Survey* (U.S. Ministry of the Interior, Washington, 2015)

E. Rancke-Madsen, The discovery of an element. Centaurus **19,** 299–313 (1975)

A.H. Reidies, Manganese Compounds, in *Ullmann's Encyclopedia of Industrial Chemistry* (Wiley-VCH, Weinheim, 2002)

H. Remy, *Lehrbuch der Anorganischen Chemie*, Bd. II (Akademische Verlagsgesellschaft Geest & Portig, Leipzig, 1961), S. 258

E. Riedel, C. Janiak, *Anorganische Chemie* (De Gruyter, Berlin, 2007). ISBN 978-3-11-018168-5

E. Riedel, C. Janiak, *Anorganische Chemie* (De Gruyter, Berlin, 2011), 831–836. ISBN 978-3-11-022566-2

A. Santamaria, S. Sulsky, Risk assessment of an essential element: Manganese. J. Toxicol. Environ. Health Part A **73,** 128–155 (2010)

E.V. Sayre, R.W. Smith, Compositional categories of ancient glass. Science **133,** 1824–1826 (1961)

K. Schubert, Ein Modell für die Kristallstrukturen der chemischen Elemente. Acta Crystallogr. **B30,** 193–204 (1974)

R.P. Schuman, *Moderne Anorganische Chemie* (De Gruyter, Berlin, 2007), S. 352. ISBN 3110190605

K. Schwochau, Technetium radiopharmaceuticals: Fundamentals, synthesis, structure and development. Angew. Chem. Int. Ed. **33** (22), 2258–2267 (1994)

K. Schwochau, *Technetium: Chemistry and Radiopharmaceutical Applications* (Wiley-VCH, Weinheim, 2000). ISBN 978-3-527-61337-3

H. Selig et al., The preparation and properties of TcF$_6$. J. Inorg. Nucl. Chem. **19** (3–4), 377–381 (1961)

H. Selig, J.G. Malm, The vapour-pressure and transition points of TcF$_6$. J. Inorg. Nucl. Chem. **24** (6), 641–644 (1962)

S. Shimizu et al., Pyridine and Pyridine Derivatives, in *Ullmann's Encyclopedia of Industrial Chemistry* (Wiley-VCH, Weinheim, 2005)

S. Shionoya et al., *Phosphor Handbook,* 2. Aufl. (CRC Press, Boca Raton, 2006), S. 153. ISBN 978-0-849-33564-8

C.B. Shoemaker et al., Refinement of the structure of β-manganese and of a related phase in the Mn-Ni-Si system. Acta Crystallogr. **B34**, 3573–3576 (1978)

H. Sicius, *Foto „Mangan"* (2016)

G.V. Sidorenko, Volatile technetium carbonyl compounds: Vaporization and thermal decomposition. Radiochemistry **52** (6), 638–652 (2010)

S. Siegel, D.A. Northrop, X-ray diffraction studies of some transition metal hexafluorides. Inorg. Chem. **5** (12), 2187–2188 (1966)

A. Simon et al., Die Kristallstruktur von Mn_2O_7. Angew. Chem. **99**, 160–161 (1987)

J. Steigman et al., *The Chemistry of Technetium in Medicine,* National Research Council (U.S.), Committee on Nuclear and Radiochemistry (National Academies, Washington, 1992), S. 57

J. Strähle, E. Schweda, *Jander Blasius – Einführung in das anorganisch-chemische Praktikum,* 14. Aufl. (Hirzel, Stuttgart, 1995). ISBN 978-3-7776-0672-9

I. Tacke, Zur Auffindung der Ekamangane. Z. Angew. Chem. **51**, 1157–1180 (1925)

K. Tagami, Technetium-99 behaviour in the terrestrial environment – Field observations and radiotracer experiments. J. Nucl. Radiochem. Sci. **4**, A1–A8 (2003)

A. Takeda, Manganese action in brain function. Brain Res. Rev. **41**, 79–87 (2003)

K. Tatematsu et al., *Keramisches Heizelement, DE 3918964* (Ngk Spark Plug Co, Japan, 1989). veröffentlicht 9. Juni 1989

J.Torisu et al., Verfahren zur Herstellung von Mangantetrafluorid, DE602005006312T2 (Showa Denko K.K., veröffentlicht 25. Juni 2009)

A. Tressaud et al., *Advanced Inorganic Fluorides: Synthesis, Characterization, and Applications* (Elsevier, Amsterdam, 2000), S. 111. ISBN 0-444-72002-2

T. Vogt et al., Crystal and molecular structures of rhenium heptafluoride. Science **263** (5151), 1265 (1994)

J. von Liebig et al., *Handwörterbuch der reinen und angewandten Chemie,* Bd. 5, 1851, S. 594–595

D. Wallach, Unit cell and space group of technetium carbonyl, $Tc_2(CO)_{10}$. Acta Crystallogr. **15**, 1058 (1962)

Foto „Technetium" (2016), http://www.webqc.org. Zugegriffen: 12. Mai 2016

M.E. Weeks, The discovery of the elements, XX: Recently discovered elements. J. Chem. Educ. **10**, 161–170 (1933)

D.B. Wellbeloved et al., Manganese and Manganese Alloys, in *Ullmann's Encyclopedia of Industrial Chemistry* (Wiley-VCH, Weinheim, 2005)

P.A. Wilk et al., Evidence for new isotopes of element 107: ^{266}Bh and ^{267}Bh. Phys. Rev. Lett. **85** (13), 2697–2700 (2000)

D.H. Wilkinson et al., Discovery of the transfermium elements. Part II: Introduction to discovery profiles. Part III: Discovery profiles of the transfermium elements, Pure Appl. Chem. **65** (8), 1757 (1993)

Z. Yamani et al., Neutron scattering study of the classical antiferromagnet MnF2: A perfect hands-on neutron scattering teaching course. Special issue on neutron scattering in Canada. Can. J. Phys. **88**, 771–797 (2010)

J. Yano et al., Where water is oxidized to dioxygen: Structure of the photosynthetic Mn_4 Ca cluster. Science **314**, 821–825 (2006)

K. Yoshihara, Technetium in the Environment, in *Technetium and Rhenium – Their Chemistry and Its Applications, Topics in Current Chemistry,* Bd. 176, Aufl. von T. Omori, K. Yoshihara (Springer, Berlin, 1996). ISBN 3-540-59469-8

K. Yoshihara, Discovery of a new element ‚nipponium': Re-evaluation of pioneering works of Masataka Ogawa and his son Eijiro Ogawa. Spectrochim. Acta, Part B **59** (8), 1305–1310 (2004)

R. Zingales, From Masurium to Trinacrium: The troubled story of element 43. J. Chem. Educ. **82,** 221–227 (2005)

J.J. Zuckerman, *Inorganic Reactions and Methods, The Formation of Bonds to Halogens* (Wiley, New York, 2009), S. 187. ISBN 047014539-0